M. D. K. L. Gunathilaka

Les lacs dévoilés : Explorer les profondeurs des écosystèmes d'eau douce

M. D. K. L. Gunathilaka

Les lacs dévoilés : Explorer les profondeurs des écosystèmes d'eau douce

Origines, écosystèmes et conservation des lacs d'eau douce dans le monde et au Sri Lanka

ScienciaScripts

Imprint

Cover image: www.ingimage.com

This book is a translation from the original published under ISBN 978-620-7-46530-9.

Publisher:
Sciencia Scripts
is a trademark of
Dodo Books Indian Ocean Ltd. and OmniScriptum S.R.L publishing group

120 High Road, East Finchley, London, N2 9ED, United Kingdom
Str. Armeneasca 28/1, office 1, Chisinau MD-2012, Republic of Moldova, Europe
Printed at: see last page
ISBN: 978-620-7-23181-2

PRÉFACE

L'exploration du monde complexe des lacs d'eau douce est un voyage fascinant qui englobe des origines et des types divers, ainsi que la myriade de services qu'ils offrent aux écosystèmes et aux sociétés humaines. Cet ouvrage complet se penche sur les multiples facettes des lacs d'eau douce et propose une exploration approfondie de leur origine, de leur classification, de leurs services écosystémiques, de leurs composants, de leurs cycles biogéochimiques, de leurs réseaux trophiques, des menaces qui pèsent sur eux et de leur état de conservation. La riche tapisserie de connaissances présentée dans ce livre vise à captiver à la fois les passionnés et les chercheurs intéressés par le monde captivant des lacs. Le premier chapitre aborde les concepts fondamentaux des lacs d'eau douce et lève le voile sur les mystères de leur origine et de leur classification. Des lacs tectoniques et volcaniques aux lacs glaciaires, fluviaux et anthropiques, le lecteur est emmené dans un voyage captivant pour comprendre les diverses formes que peuvent prendre les lacs. Les services écosystémiques, étudiés dans le deuxième chapitre, sont des éléments cruciaux que les lacs apportent au bien-être de notre planète. Des services d'approvisionnement et de soutien aux services de régulation et aux services culturels, cette section met en lumière les rôles indispensables que jouent les lacs dans le maintien de la vie et la promotion des liens culturels. Le chapitre trois élucide les éléments complexes qui constituent un écosystème lacustre, offrant une compréhension nuancée des éléments biotiques et abiotiques. Cette section sert de base aux chapitres suivants, jetant les bases d'une exploration approfondie de la dynamique écologique des lacs. Le quatrième chapitre s'intéresse aux cycles biogéochimiques et à la productivité des lacs, dévoilant les complexités des cycles du carbone, de l'azote et du phosphore. La classification des lacs en oligotrophes, mésotrophes, eutrophes, hypereutrophes et dystrophes permet de mieux comprendre les différents niveaux de productivité et la dynamique écologique de ces écosystèmes. Les réseaux alimentaires et les interactions entre les lacs occupent une place centrale dans le cinquième chapitre, où les lecteurs se lancent dans une exploration captivante des relations complexes qui façonnent ces écosystèmes. Le réseau interconnecté de la vie dans les lacs est dévoilé, mettant en évidence l'équilibre délicat qui régit ces environnements. Le chapitre suivant, consacré aux menaces qui pèsent sur les écosystèmes lacustres d'eau douce, met en lumière les défis auxquels les lacs sont confrontés dans le monde moderne. Les pressions exercées par l'homme et les changements environnementaux posent des risques importants, et il est essentiel de comprendre ces menaces pour assurer une conservation efficace. Au fur et à mesure que le voyage progresse, le chapitre sept se concentre sur les lacs d'eau douce du Sri Lanka, offrant une perspective locale sur les zones humides d'eau douce intérieures, les zones humides d'eau salée et les zones humides créées par l'homme. Les caractéristiques uniques des lacs sri-lankais sont dévoilées, mettant en évidence la diversité et l'importance de ces écosystèmes dans un contexte géographique spécifique. Les chapitres huit et neuf traitent de l'état actuel et des efforts de conservation des lacs d'eau douce au Sri Lanka. Les lecteurs auront un aperçu de l'état de conservation des lacs naturels et artificiels, ainsi qu'une exploration d'initiatives telles que les objectifs de développement durable (ODD), le Fonds mondial pour la nature (FMN) et des fondations locales comme EMACE et la Fondation Nagenahiru. Ce livre concis constitue une ressource inestimable pour les jeunes chercheurs, les environnementalistes, les décideurs politiques et toute personne intriguée par le monde complexe et vital des lacs d'eau douce. Le point culminant des diverses perspectives et des connaissances exhaustives présentées ici vise à contribuer à la conservation et à la gestion durable de ces précieux écosystèmes.

TABLE DES MATIÈRES

1. LACS D'EAU DOUCE

La planète Terre présente de nombreuses particularités, certaines zones abritant des écosystèmes de qualité remarquable malgré une topographie variée. La surface de la Terre se caractérise notamment par la présence de lacs, dont l'étude géomorphologique fait partie intégrante des sciences de la Terre. L'existence d'un lac dans une région donnée influe considérablement sur les moyens de subsistance des habitants résidant à proximité. Les lacs revêtent une importance considérable dans divers domaines tels que la régulation du climat, le commerce, le tourisme, l'irrigation et les loisirs. Il est essentiel de distinguer les lacs des autres masses d'eau, telles que les étangs, les marais et les réservoirs, en tenant compte de facteurs tels que la taille, la présence de vie biologique et le flux d'eau entrant et sortant du système. Les réservoirs, souvent créés par l'homme, présentent des similitudes avec les lacs, mais offrent généralement une diversité d'habitats réduite. Les lacs jouent un rôle crucial dans le cycle hydrologique, car ils représentent des masses d'eau intérieures qui ne sont pas directement reliées aux océans. Ces masses d'eau présentent des propriétés physiques, chimiques et biologiques distinctes. Les lacs peuvent contenir de l'eau douce ou de l'eau salée et, dans les régions arides, leur profondeur, leur permanence et leur manque de profondeur peuvent varier, ce qui contribue à la diversité globale des environnements aquatiques.

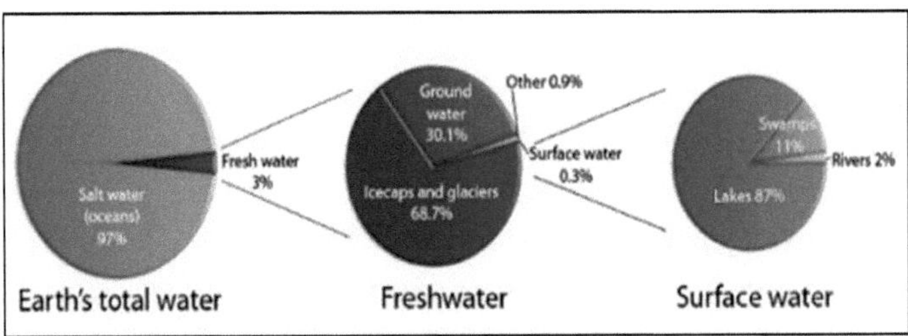

Figure 1 : Répartition de l'eau sur Terre

Les ressources en eau douce de la Terre représentent à peine 0,01 % de l'approvisionnement mondial en eau et occupent environ 0,8 % de la surface de la planète. Malgré cette fraction apparemment limitée, cette eau douce rare entretient une biodiversité remarquable, abritant pas moins de 100 000 espèces, soit près de 6 % des 1,8 million d'espèces reconnues (Dudgeon et al., 2007). Les lacs d'eau douce, dont les bassins contiennent environ 0,007 % de l'eau de la planète (Jorgensen S., 2008), présentent une grande variété de tailles, allant de la plus petite à la plus grande étendue couvrant des milliers de kilomètres carrés. Ces masses d'eau présentent également des profondeurs variables, allant de quelques mètres à plus de 100 mètres. La mer Caspienne est le plus grand lac du monde, tandis que le lac Baïkal, en Sibérie, est le plus profond. Physiologiquement, certaines masses d'eau étendues sont qualifiées de lacs en raison de leurs caractéristiques, bien qu'elles soient communément appelées mers. C'est le cas de la mer Morte, de la mer de Galilée et de la mer Caspienne (Balasubramanian, 2013).

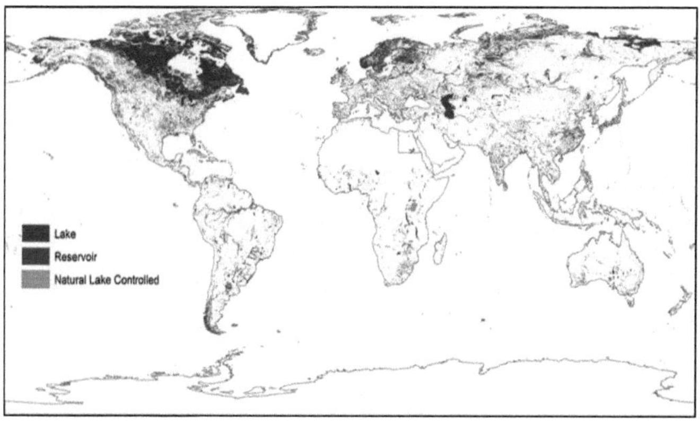

Figure 2 : Lacs et réservoirs dans le monde. Source : https://www.researchgate.net

Les lacs jouent un rôle essentiel en tant que sources d'eau pour la boisson et l'irrigation. Les régions situées en aval des lacs d'eau douce sont toujours des terres fertiles. La formation des bassins lacustres est attribuée à une combinaison de processus géologiques endogènes, notamment la tectonique et le volcanisme, et d'activités exogènes telles que les glissements de terrain, la glaciation, la dissolution, l'action des rivières et le vent. Les lacs et les réservoirs servent principalement à réguler le débit des rivières, la profondeur et la répartition de l'eau dépendant du bassin hydrographique et de la dynamique des apports saisonniers (Balasubramanian, 2013). L'étude approfondie des lacs, de leur composition physico-chimique et des organismes qui y vivent, relève de la limnologie, un sous-domaine de l'hydrologie. La limnologie, l'étude scientifique des masses d'eau intérieures, couvre les estuaires d'eau douce ou d'eau salée, les lacs, les rivières et les étangs. Caractérisée par sa nature interdisciplinaire, la limnologie intègre des disciplines telles que la géologie, l'hydrologie, la météorologie, la botanique, la zoologie, la physique, la chimie, l'écologie, les sciences de l'environnement, la biologie de la pêche, le génie civil et le contrôle de la pollution (Balasubramanian, 2013). Historiquement sous-évalués en tant que ressources, les lacs ont évolué pour servir divers objectifs. En plus d'être adaptés aux établissements humains et aux habitations, les lacs remplissent aujourd'hui diverses applications, notamment les loisirs en contact avec le corps, la navigation de plaisance, les activités récréatives esthétiques et l'approvisionnement en eau potable, en eau municipale, en eau industrielle et en eau de refroidissement. Les lacs contribuent également à la production d'énergie, à la navigation et à la pêche à des fins commerciales et récréatives. En outre, l'eau des lacs est utilisée pour l'élimination des déchets, la canalisation et l'irrigation agricole. Alors que l'on croyait autrefois que les grands lacs possédaient une capacité illimitée d'absorption ou de dilution des déchets urbains et industriels, il est devenu impératif d'accorder une attention accrue à la surveillance et à l'évaluation en raison de l'impact des pratiques inappropriées d'élimination des déchets (Mitra et al., 2014).

1.1 Origine des lacs

Les lacs, qui occupent des dépressions en forme de cuvette appelées bassins à la surface de la Terre, se forment selon divers mécanismes. Les dimensions d'un lac, notamment sa taille, sa forme et son bassin hydrographique, jouent un rôle crucial en influençant les processus physicochimiques et biologiques. L'origine d'un lac, qui est un facteur déterminant de ses propriétés, est soulignée dans la discussion (Kalff, chapitre 6). Les écosystèmes lacustres sont étroitement liés à leurs bassins versants, englobant les processus géologiques, chimiques et biologiques qui se produisent sur les terres environnantes et les cours d'eau adjacents. Le transport de matières, impliquant des détritus, des produits chimiques, des sédiments et divers organismes, se fait principalement de manière unidirectionnelle du bassin versant vers le lac. Il existe néanmoins des exceptions, comme les poissons qui migrent vers l'amont et les insectes aquatiques qui émergent et se dispersent sur la terre ferme. Par conséquent, un lac et son bassin versant sont souvent considérés comme un écosystème intégré (Nelson et Gregor, 2002). Les lacs naissent de mécanismes naturels, notamment de causes tectoniques, érosives et volcaniques. Bien que les lacs soient généralement considérés comme des écosystèmes fermés, ils restent dynamiques, perpétuellement influencés par l'eau de pluie, l'eau des rivières, la sédimentation, la biomasse et la productivité des organismes. Ces écosystèmes maintiennent un équilibre délicat entre des facteurs qui varient selon les saisons. Cependant, les activités anthropogéniques représentent une menace considérable pour cet équilibre, car elles ont un impact sur les aspects hydrologiques, physicochimiques et biologiques des lacs (Balasubramanium, 2013).

Les lacs peuvent naître de différents processus :

- Affaissement de terrain sous la nappe phréatique

- Isolement d'une partie de l'océan, obtenu soit par des processus constructifs locaux de dépôt de sédiments, soit par le soulèvement de la croûte terrestre.
- L'érosion glaciaire et les dépôts sur les continents

- Divers mécanismes tels que l'activité volcanique, l'endiguement par des glissements de terrain ou l'impact de météorites (Southard, 2021).

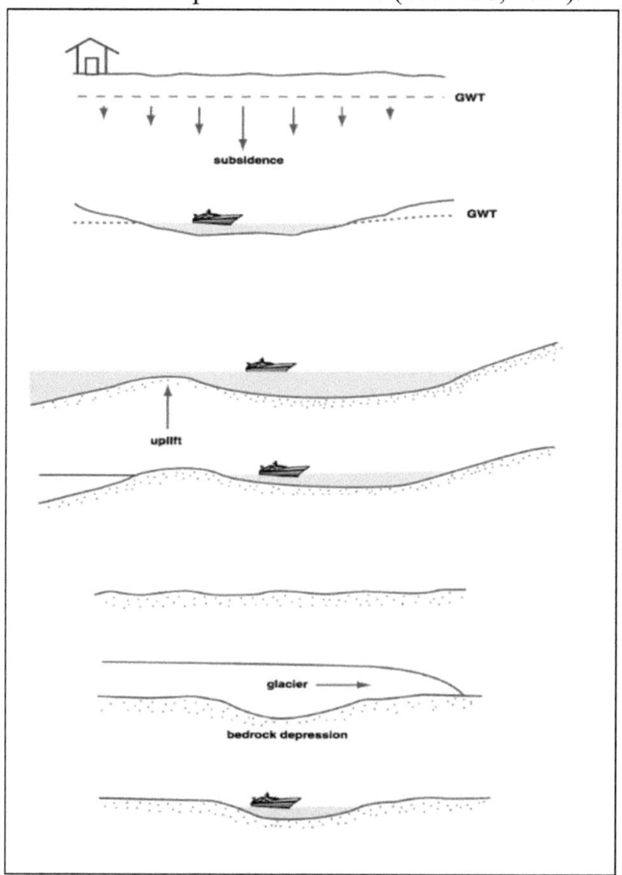

Figure 3 : Formation des lacs Source : (MIT Open Courseware)

1.2 Types de lacs

D'un point de vue géologique, les lacs sont éphémères : ils apparaissent à la suite de processus géologiques et cessent d'exister en raison de la perte de mécanismes d'influence, d'ajustements écologiques conduisant à l'évaporation ou d'un remplissage causé par la sédimentation. L'ouvrage fondateur de Hutchinson, publié en 1957, qui classait 11 grands types de lacs en 76 sous-types, examinait de manière approfondie les différentes méthodes d'origine. Les principales sous-catégories de lacs basées sur l'origine sont décrites ci-dessous. En outre, des facteurs importants tels que la stratification thermique, la saturation en oxygène, les variations saisonnières du volume et du niveau d'eau du lac, la salinité de la masse d'eau, la permanence saisonnière relative et le degré d'écoulement, entre autres, sont pris en compte lors de la classification des lacs, parallèlement à leur mode d'origine. La classification de Hutchinson des lacs en fonction de leur origine comprend 11 grands types, eux-mêmes divisés en 76 sous-types :

1. Lacs tectoniques 2. Lacs volcaniques 3. Lacs glaciaires 4. Lacs fluviaux 5. Lacs de dissolution

6. Lacs de glissement de terrain 7. Lacs éoliens 8. Lacs de rive 9. Lacs organiques 10. Lacs anthropiques 11. Lacs météoritiques (impact extraterrestre)

Cette classification systématique permet non seulement de connaître les diverses origines des lacs, mais aussi de comprendre les différentes caractéristiques écologiques et géologiques associées à chaque type (Hutchinson, 1957). La nomenclature des différents types de lacs, qu'elle soit utilisée par le grand public ou la communauté scientifique, s'inspire souvent des traits morphologiques ou d'autres éléments distincts qui caractérisent ces lacs.

1.2.1 Lacs tectoniques

Les lacs dits tectoniques naissent de la déformation et du mouvement de la croûte terrestre, impliquant des déplacements latéraux et verticaux. Ces processus géologiques dynamiques englobent le gauchissement, le plissement, le basculement et les failles (Mitra et al., 2014). Un exemple illustratif est l'extension de la croûte terrestre qui conduit à la formation de grabens et de horsts parallèles alternés. Cette activité géologique se traduit par des bassins allongés alternant avec des chaînes de montagnes, perturbant les réseaux de drainage préexistants et favorisant la création de lacs. En outre, les processus tectoniques donnent naissance à des bassins endoréiques dans les régions arides, qui abritent des lacs salés, également connus sous le nom de lacs salins. Les bassins lacustres peuvent provenir de la perturbation des systèmes naturels de drainage des terres causée par le soulèvement tectonique (Amruta, 2023). En outre, les dépressions conduisant à la formation de lacs peuvent résulter de l'affaissement des terres induit par l'activité sismique. Les failles, qui se présentent sous diverses formes, représentent un mécanisme important dans la création des bassins lacustres, certains lacs provenant de vallées d'endiguement dues à divers événements tectoniques. La diversité des mécanismes souligne l'interaction complexe entre les processus géologiques et la formation des lacs.

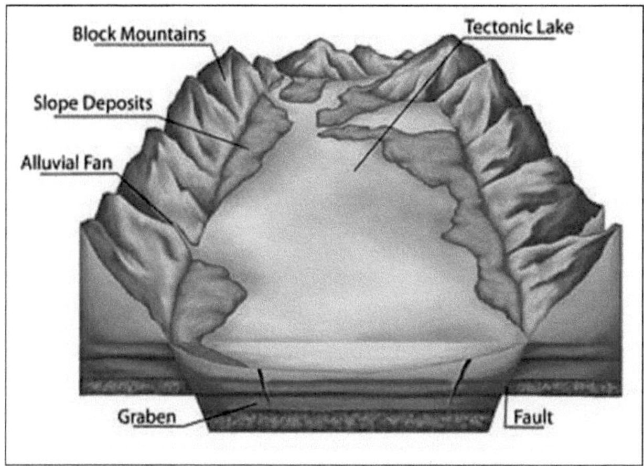

Figure 4 : Formation des lacs tectoniques

La création de bassins étendus est attribuée au tectonisme, qui implique le mouvement et le déplacement de la croûte terrestre. Le lac Baïkal, la mer Caspienne et la mer d'Aral sont des exemples notables de lacs tectoniques (Amruta, 2023). Ces immenses masses d'eau illustrent l'impact des processus tectoniques sur la formation de bassins importants, soulignant l'importance de la géologie dans le façonnement du paysage et la contribution au développement de lacs de premier plan.

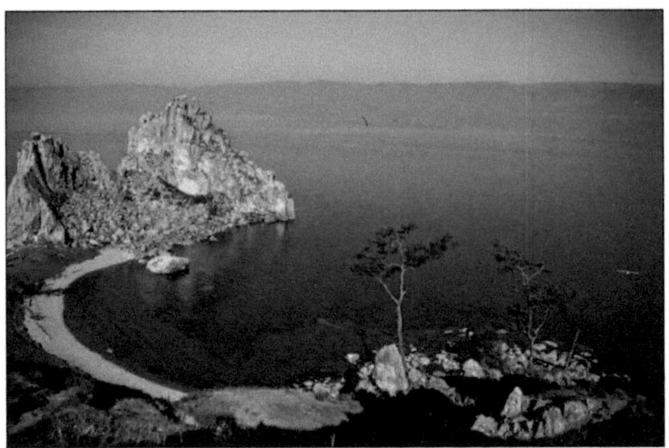

Figure 5 : Lac Baïkal, Russie

1.2.2 Lacs volcaniques

Un lac résultant d'une activité volcanique est appelé lac volcanique. Les lacs de cratère, un sous-type de lacs volcaniques, se manifestent généralement sous la forme d'étendues d'eau à l'intérieur de cratères volcaniques dormants. Cependant, ils peuvent également se manifester sous la forme de vastes bassins de lave en fusion à l'intérieur de cratères volcaniques actifs ou sous la forme de plans d'eau situés dans des systèmes de vallées délimitées par des coulées de lave, des coulées pyroclastiques ou des lahars (Amruta, 2023). Bien que le terme "lacs de cratère" soit généralement associé à ceux situés à l'intérieur des cratères volcaniques, ces lacs sont également appelés lacs volcanogènes. Notamment, les lacs de cratère volcanique présentent souvent une forme circulaire, proche d'un cercle parfait (Seekell et al., 2021). Un exemple de lac de cratère volcanique est le Crater Lake dans l'Oregon, situé dans la caldeira du Mont Mazama. Ce site naturel présente les caractéristiques distinctives d'un lac volcanique formé dans les limites d'un cratère volcanique.

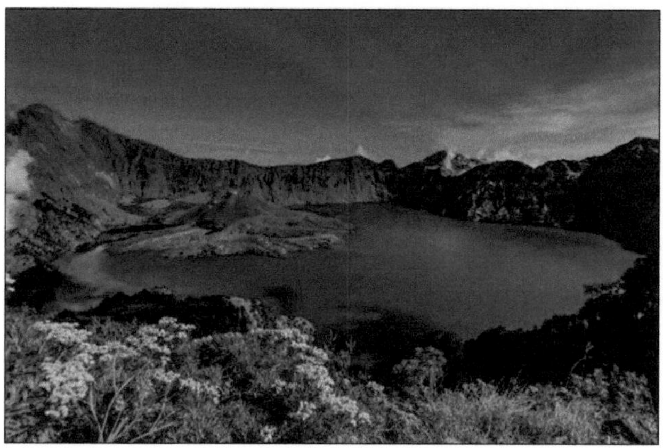

Figure 6 : Le lac de cratère du mont Rinjani, Indonésie

1.2.3 Lacs glaciaires

Les lacs qui résultent de l'influence directe des glaciers et des nappes glaciaires continentales sont appelés lacs glaciaires. La formation des bassins est étroitement liée à divers processus glaciaires, ce qui conduit à l'émergence de différents types de lacs glaciaires. Il peut être difficile d'établir des distinctions précises entre les différents types de lacs glaciaires et ceux qui sont influencés par d'autres processus. Les catégories identifiées de lacs glaciaires comprennent les lacs morainiques et les lacs d'épandage, les lacs en contact direct avec la glace, les bassins et dépressions rocheux sculptés par les glaciers et les bassins de dérive glaciaire (Cohen, 2003). Au sein de cette classification, des types spécifiques tels que les lacs pro-glaciaires, les lacs sous-glaciaires, les lacs en doigts de gant et les lacs d'épishelf sont prédominants, en particulier en Antarctique (Julie et al., 2008). Ces lacs glaciaires se trouvent principalement dans diverses zones géographiques, notamment dans toutes les régions montagneuses, les régions subarctiques et les surfaces du Pléistocène. La majorité des lacs du monde entier, appartenant à la catégorie des lacs tempérés froids, ainsi que de nombreux lacs tempérés chauds dans des régions telles que le Canada, la Russie, la Scandinavie, la Patagonie et la Nouvelle-Zélande, ont des origines liées aux processus glaciaires (Mitra, 2014). Cela souligne l'influence considérable de l'activité glaciaire dans la formation de la gamme variée de lacs présents dans différents climats et terrains.

Figure 7 : Lac Kaniere, Nouvelle-Zélande

1.2.4 Lacs fluviaux

Les lacs fluviaux sont étroitement liés à l'évolution des cours d'eau et aux modifications de leur tracé, principalement dans les régions de plaine. L'impact de la topographie sur les fluctuations du ruissellement et la fréquence des ajustements du lit des rivières contribuent à la formation de divers lacs fluviaux. Ces lacs présentent généralement des caractéristiques telles que des rives sinueuses, un lit peu profond et plat, et une profondeur relativement faible (Paul, 2017). Un sous-type prédominant de lacs fluviaux est le lac de type oxbow en forme de croissant, caractérisé par sa forme courbée distinctive. Parmi les exemples de lacs en arc-de-cercle, on peut citer le lac Carter dans l'Iowa, le long du fleuve Missouri, et le lac Chicot dans l'Arkansas, le long du fleuve Mississippi. L'évolution des lacs fluviaux est étroitement liée aux interactions dynamiques entre les rivières et les paysages environnants, ce qui donne lieu à des formations lacustres diverses et uniques.

Figure 8 : Lac fluvial

1.2.5 Lacs de solution

Les lacs se forment dans des bassins où les composants de la roche mère, tels que le calcaire, le gypse et la dolomie, sont solubles dans l'eau et sont appelés lacs de dissolution. Le processus implique l'érosion de ces roches solubles par les pluies et la percolation de l'eau, créant des cavités qui finissent par se remplir d'eau, entraînant la formation d'un lac de dissolution. Dans les régions où les eaux souterraines sont proches de la surface, ces cavités peuvent s'effondrer et former des dolines qui se remplissent progressivement et donnent naissance à des lacs plus profonds (Hutchinson, 1957). Les lacs de dissolution sont notamment répandus dans les régions karstiques, telles que la côte dalmate de Croatie et de vastes zones en Floride. Ces paysages illustrent l'impact des roches solubles dans l'eau sur la formation de lacs de dissolution uniques et souvent dynamiques.

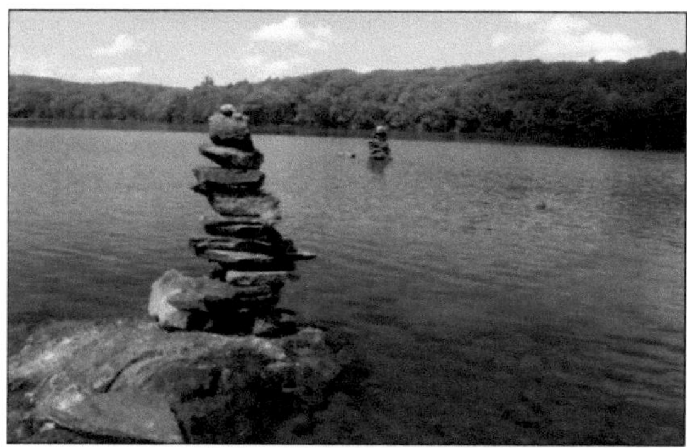

Figure 9 : Lac de solution

1.2.6 Lacs de glissement de terrain

Les lacs qui se forment naturellement lorsque des glissements de terrain, des coulées de boue ou des avalanches obstruent le lit d'une rivière sont appelés lacs de barrage. Les principaux déclencheurs de ces lacs sont souvent des glissements de terrain induits par des tremblements de terre ou de fortes précipitations (Mitra et al., 2014). Bien que de nombreux lacs de glissement disparaissent dans les premiers mois de leur formation, il existe un risque potentiel si un barrage de glissement de terrain, qui a été en place pendant une longue période, s'effondre soudainement, posant une menace pour les communautés en aval lorsque l'eau du lac s'écoule. Le lac Quake, issu du tremblement de terre du lac Hebgen en 1959, est un exemple de lac de barrage. Ce phénomène met en évidence l'interaction dynamique entre les événements géologiques et la création de lacs de barrage, et souligne la nécessité d'une surveillance et d'une évaluation continues pour atténuer les risques potentiels.

Figure 10 : Lac Quake, Montana

1.2.7 Lacs éoliens

Les lacs générés par le vent sont appelés lacs éoliens. Bien que certains lacs éoliens soient des vestiges de formes de terrain indiquant des paléoclimats arides, on les trouve principalement dans les régions arides. Parmi les différents types de lacs éoliens, on peut citer les bassins de déflation formés par l'activité éolienne dans des paléoenvironnements précédemment arides, les lacs interdunaires situés entre des dunes bien orientées et les bassins lacustres obstrués par du sable soufflé par le vent. Un exemple de ce dernier cas est le lac Moses, dans l'État de Washington, qui était autrefois un petit lac naturel et qui a été endigué par du sable soufflé par le vent (Lars et al., 1983). La formation et la transformation des lacs éoliens soulignent le rôle de la dynamique du vent dans le façonnement des paysages, en particulier dans les environnements arides.

Figure 11 : Moses Lake, Washington

1.2.8 Lacs de rive

Les lacs littoraux peuvent se former à la suite de divers processus naturels. L'accumulation de sédiments par les rivières, l'obstruction des estuaires par les courants océaniques, la formation de tombolos et de flèches littorales qui enferment les plans d'eau entre le continent et une île, ou la fusion de deux flèches littorales pour créer un lac sont quelques-uns des mécanismes qui conduisent à la création de lacs littoraux. Ces phénomènes se produisent souvent dans les zones côtières et sont particulièrement fréquents autour des plages (Mitra et al., 2014). L'interaction dynamique entre les processus géologiques et hydrologiques contribue à la formation variée de lacs littoraux, soulignant la nature complexe des écosystèmes côtiers.

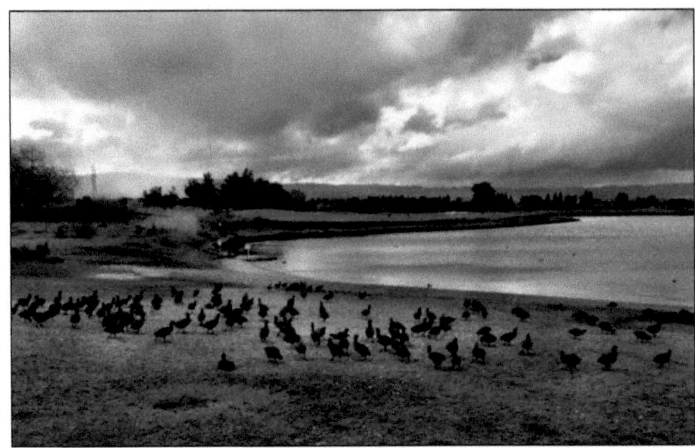

Figure 12 : Lac de rive en Californie

1.2.9 Lacs organiques

Les lacs qui proviennent de l'interaction entre les animaux et les plantes sont appelés lacs organiques. La formation de ces lacs peut résulter de divers processus biologiques, tels que les activités de creusement d'animaux comme les rats ou les castors qui obstruent une rivière ou un ruisseau. En outre, la croissance de la végétation peut entraîner la formation d'un barrage naturel, contribuant ainsi à la création de lacs organiques. Les lacs coralliens sont également des exemples de lacs organiques. Ces lacs ont tendance à être plus petits et sont relativement rares, ce qui illustre les façons complexes dont les facteurs biologiques peuvent influencer la formation des masses d'eau (Lars et al., 1983).

Figure 13 : Composés organiques dans les mers et les lacs de Titan

1.2.10 Lacs anthropiques

Les lacs anthropogéniques, souvent appelés lacs artificiels, sont des réservoirs délibérément construits par l'homme. Ces lacs peuvent être créés en construisant des barrages sur des rivières ou des ruisseaux ou en creusant le sol et en détournant une partie du débit de la rivière vers le réservoir. Les lacs anthropiques servent à diverses fins, notamment la production d'énergie hydroélectrique, l'irrigation et l'approvisionnement en eau potable. Une autre raison fréquente de construire des lacs artificiels est la pisciculture à l'intérieur des terres (Mariusz et al., 2011). Parmi les exemples de lacs anthropogéniques, citons le lac Kariba en Zambie et au Zimbabwe et le lac Williston au Canada, tous deux créés en tant que réservoirs artificiels. En outre, les lacs formés dans les mines de diamants d'Afrique du Sud, résultant des activités minières, sont également des exemples de formation de lacs anthropogéniques. Ces lacs artificiels illustrent le rôle important que jouent les activités humaines dans le façonnement des paysages et des ressources en eau à des fins diverses.

Figure 14 : Lacs anthropogéniques

1.2.11 Lacs de météorites (impact extraterrestre)

Les lacs anthropogéniques, souvent appelés lacs artificiels, sont des réservoirs délibérément construits par l'homme. Ces lacs peuvent être créés en construisant des barrages sur des rivières ou des ruisseaux ou en creusant le sol et en détournant une partie du débit de la rivière vers le réservoir. Les lacs anthropiques servent à diverses fins, notamment la production d'énergie hydroélectrique, l'irrigation et l'approvisionnement en eau potable. Une autre raison fréquente de construire des lacs artificiels est la pisciculture à l'intérieur des terres (Mariusz et al., 2011). Parmi les exemples de lacs anthropogéniques, on peut citer le lac Kariba en Zambie et au Zimbabwe et le lac Williston au Canada, tous deux créés en tant que réservoirs artificiels. En outre, les lacs formés dans les mines de diamants d'Afrique du Sud, résultant des activités minières, sont également des exemples de formation de lacs anthropogéniques. Ces lacs artificiels illustrent le rôle important que jouent les activités humaines dans le façonnement des paysages et des ressources en eau à des fins diverses.

Figure 15 : Lac Lonar

2. SERVICES ÉCOSYSTÉMIQUES

Il existe plusieurs grands écosystèmes lacustres importants pour l'approvisionnement en eau et qui représentent une grande partie de l'eau facilement disponible et accessible dans le monde. L'eau des lacs n'est pas seulement destinée à la consommation humaine, mais aussi à divers usages. En tant que type de zone humide, les lacs ont généralement des fonctions distinctes. Parmi ces fonctions, on peut citer la lutte contre les inondations, les effets contraignants de leur végétation (écosystème lacustre), la recharge des nappes phréatiques, le succès de l'agriculture, l'immobilisation et la transformation d'un large éventail de contaminants et de nutriments environnementaux, le rôle de "puits", la prévention de l'accumulation de nitrates, de nutriments et de contaminants, le tourisme et les fonctions esthétiques, les activités de pêche étant significatives (Santra, 2016). En incluant toutes ces fonctions, l'importance des écosystèmes lacustres est collectivement désignée par les écologistes sous le terme de services écosystémiques. Chaque écosystème fournit plusieurs biens et services à tous les êtres vivants, directement ou indirectement. La perspective des services écosystémiques est une reconnaissance claire de la valeur de la nature et du fait que cette valeur peut être quantifiée et utilisée pour éclairer les choix de gestion environnementale (Fisher et al 2009). Le concept de services écosystémiques nous encourage à exercer une perspective utilitaire sur les lacs. La structure et le fonctionnement écologiques des lacs offrent une grande variété de services qui peuvent être évalués en termes financiers. Cependant, de nombreuses valeurs, telles que les valeurs paysagères, culturelles et de biodiversité, sont plus difficiles à monétiser ou même à quantifier (Schallenberg, et al., 2013). Ces services sont souvent essentiels à la vie et améliorent le bien-être humain. En général, les services écosystémiques sont divisés en quatre types : les services d'approvisionnement, les services de régulation, les services de maintien de l'habitat et les services esthétiques (Santra, 2016). Cependant, une autre étude menée pour étudier les services écosystémiques des lacs en Nouvelle-Zélande a divisé les services écosystémiques des lacs en quatre types (Schallenberg, et al., 2013). Les services écosystémiques de Schallenberg et d'autres ont été distingués par Santra en 2016. Selon Schellenberg et al. (2013), les services écosystémiques lacustres sont divisés comme suit ;

- Les services qui sont reconnus au niveau mondial par le biais d'obligations conventionnelles ;

- Services qui fournissent directement des ressources ;

• Services qui soutiennent et régulent les processus et les composants utiles des écosystèmes ;

• Services culturellement importants.

Selon l'étude réalisée par Schallenberg et d'autres (2013), les services écosystémiques fournis par les lacs dans le monde entier varient. Certains sont évidents, comme la production de nourriture et de produits exploitables, ou la fourniture d'opportunités de loisirs, d'autres sont moins apparents, comme le stockage et la purification de l'eau dans les aquifères, l'influence positive des grands lacs sur le climat local ou l'assimilation des déchets par traitement biogéochimique (Limburg, 2009). Même les lacs ont une valeur économique dans les environnements urbains, par exemple, les rives des lacs exercent une forte attraction sur de nombreuses personnes, en particulier sur les valeurs immobilières des bords de lac. Ainsi, les lacs urbains sont à leur tour l'un des moteurs de l'amélioration de la qualité de vie dans les zones urbaines (Hennya et Meutia, 2014). Lorsque l'on passe en revue tous ces services, les services écosystémiques classés par l'Évaluation des écosystèmes pour le millénaire (MEA) (2005) sont les plus courants et les plus utilisés. Le MEA a mis l'accent sur les services écosystémiques comme suit ;

• Services d'approvisionnement

Toutes les ressources, les nutriments et l'énergie produits par un écosystème sont inclus dans les services d'approvisionnement. Il s'agit notamment des sources potentielles de nourriture et d'eau, des matières premières pour la construction et les combustibles, des ressources génétiques, des ressources médicales et des ressources ornementales (Dudgeon, 2006). Par conséquent, l'utilisation des services d'approvisionnement par l'homme est souvent extractive et peut aller des systèmes agricoles et aquacoles industriels à la chasse, la pêche et la cueillette de subsistance (Hennya et Meutia, 2014). (ex : produits obtenus à partir des écosystèmes : aliments, bois de chauffage, fibres, produits biochimiques, produits pharmaceutiques et médicaments naturels, ressources génétiques, ressources ornementales, eau douce, minéraux, sable et autres ressources non vivantes).

• **Services d'appui**

Les services écosystémiques de soutien sont ceux qui sont nécessaires au développement ou au maintien de tous les autres services écosystémiques. Contrairement aux changements dans les autres catégories, qui ont des effets relativement immédiats à court terme sur l'homme, ils diffèrent des services d'approvisionnement, de régulation et culturels dans la mesure où leurs effets sur l'homme sont indirects ou s'étendent sur une très longue période (Boeckh, 2006). Services de soutien qui contribuent à maintenir les conditions de la vie sur terre. (ex : formation et rétention des sols ; cycle des nutriments ; production primaire; pollinisation ; élimination des semences ; production d'oxygène ; fourniture d'habitats).

• **Réglementation des services**

De nombreux services essentiels qui permettent aux gens de vivre leur vie sont fournis par les écosystèmes. Les plantes purifient l'air et l'eau, les microbes décomposent les polluants, les abeilles pollinisent les fleurs et les racines des arbres stabilisent le sol pour en arrêter l'érosion. Ensemble, ces processus permettent aux écosystèmes d'être sains, durables, utiles et adaptables au changement. Un service de régulation est un service dont les bénéfices proviennent de la régulation des processus de l'écosystème. (ex : maintien de la qualité de l'air ; régulation du climat et de l'eau ; contrôle des inondations et de l'érosion ; purification de l'eau ; traitement des déchets ; désintoxication ; contrôle des maladies humaines ; contrôle biologique des parasites et des maladies de l'agriculture et du bétail ; et protection contre les tempêtes).

• **Services culturels**

Lorsque l'homme interagit avec l'environnement naturel et le modifie, il le modifie également. Il a exercé une influence continue sur nos vies, guidant notre croissance culturelle, intellectuelle et sociale. Depuis l'aube de la civilisation, lorsque des représentations d'animaux, de plantes et de conditions météorologiques ont été peintes sur les murs des grottes, l'homme a reconnu la valeur des écosystèmes. Un service culturel est un avantage non matériel obtenu grâce aux écosystèmes. (ex : diversité et identité culturelles ; valeurs spirituelles et religieuses ; systèmes de connaissance ; valeurs éducatives et esthétiques ; relations sociales ; sens du lieu ; patrimoine culturel ; loisirs et écotourisme ; communautaire ; symbolique). Une biodiversité élevée est associée à une plus grande efficacité dans l'utilisation des ressources au sein de l'écosystème et détermine la résilience ou le maintien des services écosystémiques (Haines-Young et Potschin, 2010). Les services écosystémiques des lacs liés à la biodiversité, la manière dont la biodiversité influence le fonctionnement de l'écosystème et les biens et services des systèmes aquatiques sont mal compris (Covich, et al., 2004 ; Giller, et al., 2004 ; Gamfeldt et Hillebrand, 2008 ; Stendera, et al., 2012).La diversité des espèces des écosystèmes lacustres se traduit par une liste impressionnante d'espèces, allant des virus aux poissons. Lors de l'échantillonnage de différents lacs, les organismes présents dans un lac donné ne représentent qu'un petit sous-ensemble de tous les organismes d'eau douce disponibles. Certains organismes apparaissent dans certains types de lacs, des systèmes qui offrent des conditions de vie très spécifiques. Les paramètres abiotiques des lacs peuvent fluctuer considérablement ; le pH des systèmes d'eau douce peut varier de 2 à 14. Logiquement, aucun organisme ne possède toutes les adaptations physiques ou morphologiques nécessaires pour faire face à une telle amplitude dans un gradient environnemental. Au contraire, les organismes ont généralement des adaptations qui leur permettent de subsister dans une fenêtre plus étroite de la variation abiotique. Ainsi, un lac offre un cadre abiotique, composé de toutes les caractéristiques physiques et chimiques du lac, telles que la morphologie, l'état des sédiments, les concentrations de nutriments, la disponibilité de la lumière, le pH et la température (Bronmark et Hansson, 2005). Le cadre biotique diffère d'un lac à l'autre et même à l'intérieur d'un même lac, ainsi que dans le temps au sein d'un lac spécifique. Seuls les organismes et leurs niches qui s'inscrivent dans le cadre abiotique réussiront à coloniser et à se reproduire. Les services liés à la biodiversité des lacs sont donc plus vastes et tendent à disparaître plus qu'on ne le pense en raison des menaces actuelles de pollution. La biodiversité fournie par les lacs est mesurée en termes de diversité génétique, d'espèces, de populations, de groupes fonctionnels et de réseaux alimentaires. Les lacs peuvent être considérés comme des systèmes évolutifs isolés et insulaires (Schallenberg et al., 2013) qui favorisent la nouveauté et la diversité génétiques. La diversité intragénétique des espèces végétales lacustres est également importante. L'environnement fournit un habitat aux espèces de poissons et d'invertébrés. Certaines activités de pêche en eau douce ou des entreprises à petite échelle comme la vente de fleurs, la vente d'espèces de plantes aquatiques en tant qu'aliments ou à des fins esthétiques peuvent être observées. Toutefois, les données relatives à la dépendance sont moins nombreuses. Cependant, les grands lacs fournissent des services provisoires considérables. Bien que la pêche en eau douce au Sri Lanka en soit à son stade primaire et qu'elle ne soit pas populaire auprès des consommateurs, les pays étrangers riches en lacs d'eau douce sont bons dans ce domaine. C'est le cas de la pêche à l'anguille en Nouvelle-Zélande (Schallenberg, et al., 2013). L'eau des lacs peut être utilisée à des fins d'irrigation. Dans cette étude, les réservoirs de Borelesgamuwa, Kesbewa et Thalangama fournissent de l'eau à des fins agricoles. L'hydroélectricité est un autre service fourni par certains lacs dans le monde. Par exemple, "le lac Karapiro, le réservoir hydroélectrique terminal de la rivière Waikato, fournit de l'eau potable à la ville de Cambridge" (Schallenberg, et al., 2013). Toutefois, les effets à long terme peuvent accroître les risques écologiques dans et autour de l'écosystème lacustre. Les lacs atténuent les effets du changement climatique de deux manières principales : le piégeage du carbone et le tamponnage hydrologique. Selon les estimations (Tranvik, et al., 2009), à l'échelle mondiale, les eaux intérieures séquestrent environ 20 % du carbone transféré de la terre, réduisant les pertes de carbone des eaux intérieures vers l'atmosphère d'environ un tiers. Ainsi, le lac fournit un service écosystémique vital en réduisant l'effet du changement climatique (Schallenberg, et al., 2013). Bien que les lacs fournissent un service de régulation si précieux, les sédiments lacustres produisent des quantités substantielles de méthane. Alors que ce dernier est largement oxydé en dioxyde de carbone à l'intérieur des lacs lorsqu'il est produit dans l'hypolimne profonde, lorsque le méthane s'échappe sous forme de bulles ou provient de sédiments peu profonds, il est fortement émis dans l'atmosphère sous forme de méthane (Tranvik, et al., 2009). Il convient donc d'éviter le rétrécissement des lacs dû à la sédimentation afin de profiter des services de régulation des lacs. Le processus d'auto-épuration est un autre service important. C'est le principe qui sous-tend l'utilisation de certains lacs artificiels pour protéger les écosystèmes sensibles en aval des niveaux potentiellement dommageables de nutriments, de sédiments ou de contaminants tels que les métaux lourds et les acides. Étant donné que l'eau des lacs y séjourne plus longtemps, ce laps de temps permet la séquestration des nutriments dans les sédiments du fond des lacs (Peters, et al., 2011) ou leur émission dans l'atmosphère (Tranvik, et al., 2009). Si le lac peut conduire à un processus de dénitrification plus faible en raison de l'augmentation des taux de charge en azote, le potentiel de prolifération des cyanobactéries est observé dans les lacs eutrophes (Schallenberg, et al., 2013).L'éclaircissement de l'eau du lac par les organismes filtreurs a également rapporté des services de régulation. La daphnie est considérée comme une espèce clé dans les lacs et les manipulations du réseau alimentaire pélagique sont spécifiquement conçues pour augmenter l'abondance de la daphnie afin d'améliorer la clarté de l'eau dans les petits lacs peu profonds. Non seulement la clarté de l'eau, mais les daphnies réduisent également les concentrations du pathogène humain Campylobacter jejuni dans l'eau (Schallenberg, et al., 2013). Lorsque l'on observe les services de régulation rendus par les espèces lacustres, la biodiversité revêt une grande importance pour les écosystèmes lacustres. La capacité de filtrage d'Echyridella menziesii est capable de nettoyer l'eau du lac du phytoplancton toutes les 32 heures. Elle est suffisante pour réguler la biomasse de phytoplancton dans le lac (Ogilvie et Mitchell, 1995). Une autre étude a montré la possibilité pour cette espèce de moule de nettoyer l'eau du lac en 7 jours (James, Ogilvie et Henderson, 1998).De nombreux lacs des zones urbaines jouent un rôle dans le contrôle des inondations. La régulation des eaux de ruissellement est un service important, mais la régulation des inondations et des eaux de ruissellement peut avoir des effets négatifs tels que la sédimentation, l'apport excessif de nutriments et de contaminants, ce qui peut perturber les services écosystémiques des lacs. Les services esthétiques comprennent une série d'activités telles que la navigation de plaisance, la pêche, la natation, la randonnée, le kayak et la chasse au gibier d'eau, qui sont très répandues dans les pays étrangers. En Nouvelle-Zélande, par exemple, "on s'attend à ce que ces services soient significatifs en termes de ressources fournies aux populations, avec plusieurs petits centres urbains construits autour de lacs importants, tels que Rotorua (population 56100), Taupo (population 22 800), Queenstown (population 20 000) et Wanaka (population 5000)" (Schellenberg, et al., 2013).Certains lacs ont des paysages très attrayants et l'attrait touristique est donc élevé. Bien que les petits lacs d'eau douce soient promus pour des activités touristiques, les bénéfices à long terme ne sont pas atteignables en raison de diverses causes : comportement des touristes, mauvais entretien et pollution, comme le montre l'étude actuelle.

3. LES COMPOSANTES DE L'ÉCOSYSTÈME LACUSTRE

À cet égard, les écosystèmes lacustres fournissent un large éventail de services écosystémiques dérivés des composants de l'écosystème. Dans chaque écosystème, il existe trois composantes de base : les intrants, le cycle interne et les extrants, qui sont influencés par le sol et le climat. Ces composantes peuvent être communément identifiées comme des composantes biotiques et des composantes abiotiques.

3.1 Composants biotiques

Les composantes biotiques d'un écosystème lacustre comprennent à la fois les êtres vivants et les produits de ces êtres. Par conséquent, les microbes, toutes sortes de plantes et d'animaux, ainsi que leurs déchets, sont inclus.

3.2 Composants abiotiques

Les composantes abiotiques comprennent les caractéristiques climatiques et édaphiques. Les composants biotiques sont généralement classés en producteurs, autotrophes ou hétérotrophes, en consommateurs, herbivores, carnivores, omnivores et charognards. En outre, les décomposeurs, qui comprennent principalement des organismes saprophytes, contribuent au processus de recyclage des nutriments et des éléments. Les composantes biotiques et abiotiques sont intégrées pour former un écosystème. L'apport de nutriments aux écosystèmes dépend du type de cycle biogéochimique. Certains des nutriments ayant un cycle gazeux, comme le carbone et l'azote, entrent dans l'écosystème par l'intermédiaire de l'atmosphère. En revanche, les nutriments tels que le calcium et le phosphore ont des cycles sédimentaires, les apports dépendant de l'altération des roches et des minéraux. La productivité primaire des écosystèmes dépend de l'absorption des nutriments minéraux essentiels par les plantes et de leur incorporation dans les tissus vivants (Santra, 2016). Les nutriments sous forme organique, stockés dans les tissus vivants, représentent une proportion importante de la réserve totale de nutriments dans la plupart des écosystèmes. Au fur et à mesure de la sénescence de ces tissus vivants, les nutriments sont restitués au sol ou aux sédiments sous la forme de matière organique morte. De nombreux décomposeurs microbiens convertissent les nutriments organiques en une forme minérale, un processus appelé minéralisation, et les nutriments sont à nouveau accessibles aux plantes qui les absorbent et les transforment en nouveaux tissus. L'exportation de nutriments et les sorties de l'écosystème représentent une perte qui doit être compensée par des entrées si l'on ne veut pas qu'un déclin net se produise. L'exportation se produit de différentes manières, en fonction de la nature du cycle biogéochimique spécifique. Le carbone est exporté dans l'atmosphère sous forme de CO_2 par le processus de respiration de tous les êtres vivants. De même, divers processus microbiens et végétaux entraînent la transformation de nutriments organiques et inorganiques en une phase gazeuse qui peut ensuite être transportée de l'écosystème vers l'atmosphère. Lorsque les processus se déroulent, chaque couche de la masse d'eau du lac subit ces processus à différents degrés/échelles. Ainsi, chaque couche diffère des autres par les espèces qu'elle contient. La distribution des organismes dans un écosystème lacustre est rarement aléatoire (Voutilainen, et al., 2016). La dispersion des organismes dans les masses d'eau lacustres est généralement déterminée par la distribution spatio-temporelle des facteurs abiotiques et biotiques (Beisner, et al., 2006). Les schémas spatio-temporels de ces facteurs sont composés de structures imbriquées. D'un point de vue biologique, un lac comporte plusieurs couches. Le niveau de compensation, le niveau euphotique et le niveau profond (Santra, 2016) sont les couches.

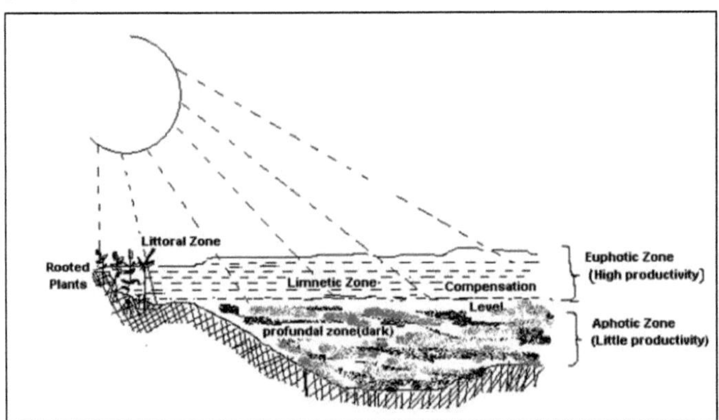

Figure 16 : Zonation dans un écosystème lacustre

Le niveau de compensation se situe à la profondeur à laquelle l'énergie lumineuse est juste suffisante pour que la photosynthèse équilibre les besoins respiratoires de la production primaire. La zone euphotique se situe au-dessus du niveau de compensation. La zone profonde se situe en dessous du niveau de compensation. Toutefois, ces couches diffèrent en fonction de différents facteurs. La zone euphotique se subdivise elle aussi en deux parties : la zone littorale peu profonde (Santra, 2016) ou le littoral (Willey, Sherwood et

Woolverton, 2014) et la zone limnétique plus profonde (Santra, 2016) ou la zone pélagique (Willey, Sherwood et Woolverton, 2014). La zone littorale est également définie par la profondeur de la zone photique. Le phytoplancton est dominant dans la zone limnétique et abondant dans la zone littorale. Des efflorescences occasionnelles sont également visibles. Le zooplancton et les nectons nageurs sont également abondants dans la zone limnétique. La zone profonde, par définition, ne dispose pas de suffisamment de lumière pour la photosynthèse et est donc dominée par les consommateurs. Cette zone est constituée d'une plus grande quantité de débris et d'une charge organique plus importante. Les lacs les plus productifs sont ceux dont la zone littorale est importante par rapport à leur volume. La lumière du soleil pénètre dans la plupart des eaux du lac, fournissant la source d'énergie pour les producteurs primaires en plus de l'importante période de croissance. Dans les lacs peu profonds, la lumière pénètre dans toute la colonne d'eau et les autotrophes benthiques, y compris les diatomées et les cyanobactéries, peuvent être les principaux producteurs primaires (Willey, Sherwood et Woolverton, 2014). Dans les lacs plus profonds, la région pélagique centrale peut devenir thermiquement stratifiée. En été, la couche supérieure se réchauffe et l'oxygène est échangé avec l'atmosphère, ce que l'on appelle la couche de l'épilimnion. La thermocline s'étend sur une région appelée métalimnion et agit comme une barrière au mélange des masses d'eau supérieures et inférieures. La région inférieure plus froide, l'hypolimnion, peut devenir anoxique car ces deux masses d'eau ne se mélangent pas ou très peu, la couche supérieure abrite une riche diversité de producteurs et de consommateurs primaires, ce qui peut épuiser les nutriments (Willey, Sherwood et Woolverton, 2014).Les lacs tropicaux n'ont pas de changements de température saillants mais ont une différence saisonnière dans les précipitations. Les processus biologiques sont plus importants dans les lacs tropicaux. La faible profondeur de l'eau permet le développement d'une importante biomasse de plantes aquatiques enracinées peu productives. Les efflorescences de phytoplancton sont caractéristiques des fortes concentrations de nutriments inorganiques produites par les micro-organismes du fond qui dégradent de grands volumes de matière organique. Les eaux profondes ayant une faible concentration en oxygène, la stagnation des eaux de fond est relativement fréquente. Ces lacs peu profonds et très productifs sont appelés lacs euphotiques (Santra, 2016 ; Willey, Sherwood et Woolverton, 2014). En revanche, les lacs oligotrophes sont beaucoup moins productifs. Généralement profonds et à parois abruptes, ils présentent une zone littorale étroite et les nutriments inorganiques y sont faibles, tout comme la densité du phytoplancton. Les efflorescences sont rares car la concurrence intense pour les nutriments maintient les niveaux de population de la matière organique, ce qui permet de contrôler les microbes qui appauvrissent l'oxygène. On y trouve des membres de plusieurs genres, notamment Anabaena, Nostoc et Cylindrospermum. La topologie et l'hydrologie des lacs sont donc des facteurs clés dans le développement des communautés lacustres (CES, 2001).La zone pélagique est l'habitat du plancton et des nectons. Les planctons sont en suspension dans l'eau du lac tandis que les nectons sont des nageurs actifs. Le phytoplancton se compose d'algues dont le diamètre varie de 10 µm à des amas de cellules. La plupart des zooplanctons sont des herbivores qui se nourrissent d'algues, mais il y a aussi des carnivores. Les crustacés de deux groupes principaux : les cladocères et les copépodes existent dans cette zone qui établit un lien entre les algues et les créatures de taille moyenne telles que les oiseaux et les poissons. Les poissons sont les prédateurs les plus évidents du zooplancton. La plupart des poissons se nourrissent de rotifères et passent ensuite aux cladocères. Les neustons vivent à l'interface air-eau du lac (CES, 2001). Plusieurs types d'algues et de bactéries se fixent à la surface. Le cladocère Scaphaloberis mucronata se nourrit de petites particules lorsqu'il est attaché au film de surface (CES, 2001). Les poissons pélagiques classiques, y compris les clupéidés, constituent un maillon important de la chaîne alimentaire des zones d'eau libre. Les espèces de poissons pélagiques sont une source importante de nourriture pour l'homme, et la plupart des oiseaux qui se nourrissent dans cette zone sont des mangeurs de poissons. Les oiseaux, comme les oies et les canards, sont également attirés par ces zones où ils se réfugient pour échapper aux prédateurs terrestres. Benthos Une autre zone, également appelée zone benthique, fournit un habitat à la flore et à la faune vivant au fond de l'eau et aux espèces qui vivent en empruntant la couche benthique. Les organismes benthiques utilisent le substrat pour y vivre (dans la boue et le sable), se déplacer sur le substrat, se développer à la surface ou se déplacer librement dans le fond. Les producteurs primaires benthiques comprennent les cyanobactéries, tous les taxons supérieurs d'algues eucaryotes et les plantes à fleurs. Les algues fixées à un substrat sont appelées benthiques, pour les distinguer du phytoplancton, qui vit en flottant dans l'eau. Dans certains lacs peu profonds, les algues benthiques peuvent constituer une source essentielle de nourriture. Cependant, la plupart des animaux benthiques vivant en dehors de la zone littorale se nourrissent de détritus. Une grande partie du fond au-delà de la zone littorale est recouverte de sédiments mous (vase). La taille des particules et la teneur en matières organiques de la vase dépendent des conditions propres à chaque lac. La plupart des habitants de cette zone sont des vers, des larves de mouches chironomes et des mollusques. En outre, il existe de nombreux animaux plus petits comme les vers nématodes et les ostracodes

(CES, 2001). Les larves de chironomes constituent une nourriture vitale pour de nombreux poissons et canards. Les Chaobrus spp. ont également des larves aquatiques dont les adultes se développent hors de l'eau (CES, 2001). Elles sont intéressantes car elles constituent un lien entre les zones benthiques et pélagiques (CES, 2001). Pendant la journée, ces espèces se reposent dans le substrat et la nuit, elles remontent dans l'eau. Ce sont des carnivores voraces dont la prédation a un effet marqué sur les autres zooplanctons. De nombreux vers des eaux douces ont de l'hémoglobine dans le sang, ce qui aide à retenir l'oxygène, un avantage, car la communauté benthique souffre d'un manque d'oxygène. Les mollusques sont des éléments importants de la faune benthique. Les mollusques adaptés à la vie benthique sont des bivalves fouisseurs, comme les moules d'eau douce. Ces animaux, qui vivent dans la partie la plus profonde de l'eau du lac, peuvent extraire de l'oxygène même de l'eau à faible teneur en oxygène. À environ 20-25 % de saturation, leur taux de respiration diminue, mais ils peuvent rester en vie à de faibles concentrations d'oxygène, bien que leur alimentation et leur croissance soient plus lentes. En été, les animaux benthiques doivent supporter de longues périodes pendant lesquelles les sédiments et l'eau qui les recouvre sont désoxygénés. Les poissons benthiques ne peuvent pas trouver leurs proies à l'aide de la vue, et nombre d'entre eux les sentent et les goûtent à l'aide de barbillons (moustaches) autour de leur bouche. Les carpes sont des poissons benthiques typiques, qui se nourrissent de tout ce qui est disponible (mollusques, crustacés, insectes et plantes), et consomment davantage à des températures plus élevées (CES, 2001). La zone littorale représente souvent diverses espèces ; on y trouve également les principaux groupes d'invertébrés benthiques. La zone côtière est compliquée par la présence de macrophytes et abrite de nombreux animaux. Le seul substrat et la seule nourriture pour la faune dans cette zone sont respectivement les rochers et les algues, d'ailleurs présents dans l'eau ou attachés aux rochers et aux détritus qui sont coincés entre les pierres. L'avantage de cette zone est que l'oxygène n'est jamais susceptible d'être restreint car l'eau est continuellement en mouvement, liquéfiant plus d'oxygène de l'air (CES, 2001). Les escargots, les éponges incrustent les rochers et les sangsues sont fréquentes. Les vers et les crevettes d'eau douce font partie des organismes qui échappent aux vagues en se cachant (Santra, 2016). Les vers communs, les larves de phryganes et de chironomes, se fixent sous les pierres ou s'enfouissent dans les galets. Outre les espèces animales, les espèces florales présentes dans un écosystème lacustre sont également variées et fournissent des services écosystémiques. Les macrophytes se distinguent des algues, dont la plupart sont microscopiques. La plupart des macrophytes doivent s'enraciner dans la vase du fond et poussent donc dans des eaux relativement peu profondes. Flore au bord du lac ; les macrophytes émergents poussent normalement en hauteur et sortent de l'eau. Sur les pentes douces, les macrophytes les plus visibles sont les hautes herbes aquatiques, notamment les roseaux (Phragmites). Les feuilles plates et flottantes de plantes telles que les nénuphars (Nymphaea) et les potamots (Potamogeton) sont enracinées mais ont de longues tiges. Par ailleurs, on trouve dans le lac des plantes entièrement submergées, dont certaines sont enracinées au fond, comme le myriophylle (Myriophyllum) et le cératophylle (Ceratophyllum), qui flottent librement dans l'eau. Parmi les plantes qui flottent à la surface dans des endroits abrités, les plus petites sont les lentilles d'eau (Lemna), et les plus grandes comprennent la jacinthe d'eau (Eichhornia) et la fougère flottante (Salvinia) (CES, 2001 ; Santra, 2016).La surface des feuilles ou des tiges ou les terriers parmi les racines des plantes sont les habitats de la faune de la zone littorale. La zone littorale contient un mélange complexe de plantes, d'animaux et de micro-organismes. Les diatomées et les algues bleues sont des composants communs et ces dernières sécrètent une couche gélatineuse qui attire et retient d'autres organismes. Les escargots des étangs constituent un groupe visible d'animaux de la zone littorale, de même que de nombreuses espèces de crustacés (crevettes et crabes) qui vivent parmi les plantes. La zone littorale constitue un habitat pour des insectes tels que les libellules (Odonata), les éphémères (Ephemeroptera), les plécoptères (Plecoptera), les trichoptères (Trichoptera) et les moucherons (Diptera) (CES, 2001 ; Santra, 2016). À cet égard, les microorganismes lacustres d'eau douce sont très nombreux et présentent une énorme diversité génétique ; un millilitre d'eau lacustre contient environ 106 cellules procaryotes et plusieurs milliers de génotypes microbiens (Newton, et al., 2011). Toutes ces zones d'un écosystème lacustre ont de nombreuses connexions entre leurs composants. La faune des eaux profondes est très dépendante de la production de la zone euphotique. Les espèces animales peuvent accélérer le transport vertical de la matière organique, par exemple les excréments du zooplancton ; la matière fécale des copépodes est une source importante de nourriture pour le benthos. Les lacs de petite taille présentent davantage de connexions entre ces zones (CES, 2001). Le phytoplancton transporté vers la zone littorale fournit de la nourriture aux moules et aux cladocères. Certains animaux sont littoraux dans une partie de leur cycle de vie et benthoniques dans une autre, comme certains copépodes cyclopoïdes, qui sont planctoniques en tant que juvéniles et adultes, mais qui passent une partie de leur développement en phase de repos dans les sédiments. Au cours de leur développement, les poissons modifient leur lieu d'habitation en fonction de l'emplacement de la nourriture. Lorsqu'ils deviennent plus grands, ils se nourrissent sur le fond pendant la journée et se déplacent vers les régions littorales du lac pendant les heures d'obscurité. Certains poissons planctoniques occupent la journée près du rivage et se déplacent en eau libre la nuit pour se nourrir de plancton pélagique. Ces relations communautaires ou zonales fournissent finalement certains des services de l'écosystème lacustre, de sorte que les composants de l'écosystème lacustre doivent être équilibrés (Santra, 2016). Ces relations sont à l'origine du cycle biogéochimique, de la productivité et de la structure trophique de l'écosystème lacustre.

4. CYCLE BIOGÉOCHIMIQUE ET PRODUCTIVITÉ DES LACS

Les lacs sont également essentiels pour les cycles biogéochimiques. La qualité de l'eau peut être régulée par le métabolisme des microbes et les compositions microbiennes complexes dues aux cycles des nutriments tels que le fer, le soufre, le phosphore et l'azote. Les cycles gazeux et les cycles sédimentaires, qui sont deux types de cycles de matière, sont traités. Le transfert d'énergie dans les écosystèmes est toujours couplé au transfert de matière. La principale différence est que la matière peut circuler dans un écosystème alors que l'énergie ne peut se déplacer qu'à travers l'écosystème. La matière dans les organismes et les écosystèmes remplit deux fonctions ;

1) Servent à stocker l'énergie chimique sous forme d'hydrates de carbone, de protéines et de graisses.

2) Servent à constituer les structures physiques qui soutiennent les activités biochimiques de la vie (Santra, 2016).

Les cycles biochimiques qui se produisent dans le lac ne sont pas fermés. Les lacs reçoivent des substances du bassin versant et de l'atmosphère ; ils exportent des substances via l'écoulement et l'atmosphère et enfouissent des substances dans les sédiments. En fonction de l'équilibre de ces processus, l'eau qui traverse le lac peut être enrichie ou diminuée par des composés particuliers. Avant d'arriver dans un lac, l'eau peut être chimiquement modifiée lors de son passage dans le bassin versant en raison de divers facteurs tels que la géologie du bassin versant, les précipitations et l'altération des roches. Il en résulte un enrichissement en cations bivalents. Les matières recyclées provenant d'organismes morts dominent également la charge en nutriments des eaux douces. Les origines géologiques des différents nutriments sont fondamentalement différentes, mais de nos jours, la libération de nutriments dans les lacs s'est accélérée en raison des activités humaines : pollution diffuse due aux activités agricoles et pollution ponctuelle due aux eaux usées domestiques. Le lac est alimenté par les eaux de surface et les eaux souterraines. La capacité de rétention des sédiments dépasse son seuil, les sédiments libèrent les substances au lieu de les piéger, ce qui provoque une rétention négative. Cette rétention négative n'est possible que pendant une courte période. À long terme, les sédiments agissent comme un puits de substances dans le lac. L'échange de gaz avec l'atmosphère tend à réduire le degré de sous-saturation et de sursaturation des eaux de surface. Le bilan net des échanges dépend des processus biologiques dans le lac. Les cycles du carbone, de l'azote et du phosphore sont importants parmi les cycles biogéochimiques du lac.

4.1 Cycle du carbone

Le carbone inorganique dissous (ci-après DIC), le carbone organique dissous (ci-après DOC) et le carbone organique particulaire (ci-après POC) sont les principaux réservoirs de carbone dans les écosystèmes lacustres. Le DIC se compose de dioxyde de carbone, de bicarbonate et de carbonate. Le DIC est indirectement affecté par le pH et l'activité photosynthétique et respiratoire des êtres aquatiques. L'apport le plus important de DIC provient du CO atmosphérique$_2$ et la production abiotique dominante est la libération de dioxyde de carbone dissous dans l'atmosphère. La respiration est l'apport biologique et la photosynthèse est la production biologique. Outre les apports allochtones, les sources les plus importantes de COD sont la sécrétion et l'excrétion par les organismes de tous les niveaux trophiques et l'autolyse des détritus. La source la plus importante de COD provient de l'absorption par les micro-organismes hétérotrophes, en particulier les bactéries. Les produits d'excrétion sont rapidement utilisés par les bactéries. Le POC est constitué du carbone lié aux organismes et aux détritus. La production primaire est la source de POC. La mort, l'alimentation, le parasitisme, etc. des organismes modifient le pool de POC. Le POC peut être transformé en DIC par la respiration et en DOC par la sécrétion, l'excrétion et l'autolyse. Le POC est perdu dans la région pélagique et importé dans la zone benthique par sédimentation (CES, 2001 ; Santra, 2016).

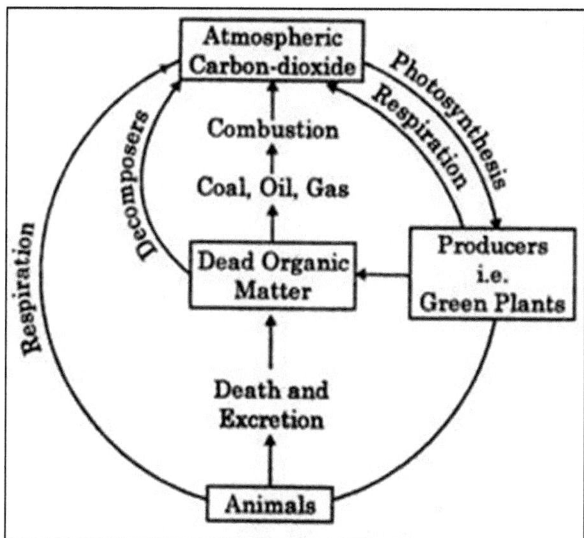

Figure 17 : Cycle du carbone

4.2 Cycle de l'azote

L'azote le plus abondant dans les lacs est l'azote élémentaire dissous ; cependant, seuls quelques organismes peuvent utiliser cette forme. La fixation de l'azote nécessite une enzyme, la nitrogénase, que l'on ne trouve que chez les procaryotes. Le nitrite, le nitrate et l'ammonium dissous sont les formes d'azote inorganique les plus importantes pour les organismes autotrophes qui ne produisent pas de nitrogénase. Ces formes d'azote sont transportées dans les lacs par les eaux de surface, les eaux souterraines et les précipitations. Les organismes autotrophes peuvent utiliser ces trois formes. Cependant, la décomposition des mélanges organiques riches en azote ne libère que de l'ammonium. Le zooplancton excrète de l'ammonium, contrairement aux vertébrés qui excrètent soit de l'urée, soit de l'acide urique. La respiration du nitrate qui a lieu dans des conditions anoxiques transforme le nitrate en ammonium (nitrification) ou en azote élémentaire (dénitrification). La nitrification, qui a lieu dans des conditions aérobies, transforme l'ammonium en nitrate (par la formation intermédiaire de nitrite) (Santra, 2016). Ces trois formes d'azote sont absorbées par le phytoplancton, et leur concentration est donc la plus faible dans les endroits où les activités photosynthétiques sont intenses. L'azote organique dissous provient de l'excrétion des organismes et de la décomposition des détritus. Il s'agit de polypeptides et d'autres acides aminés. Les acides aminés simples sont absorbés par les bactéries et sont donc présents en faibles concentrations. Les micro-organismes excrètent également des peptidases qui aident à diviser les peptides en unités plus petites.

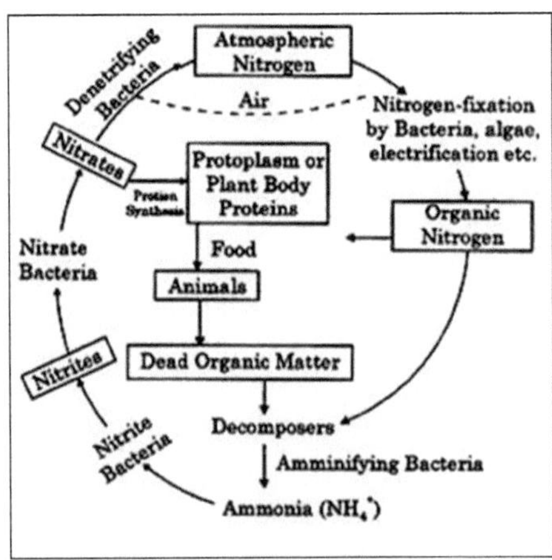

Figure 18 : Cycle de l'azote

4.3 Cycle du phosphore

Le phosphore n'existe que sous forme de phosphates dans les écosystèmes. Il est lié aux composés organiques par des liaisons ester entre les dérivés de l'acide phosphorique et les chaînes de carbone (CES, 2001). Les orthophosphates sont beaucoup moins mobiles que l'azote dans les sédiments et précipitent facilement en se combinant avec plusieurs cations pour former des produits très insolubles. L'absorption par les algues et les bactéries constitue le principal puits de phosphore réactif soluble (ci-après dénommé "PRS"). Les bactéries hétérotrophes du point de vue du carbone peuvent être autotrophes du point de vue du phosphore, c'est-à-dire qu'en absorbant le phosphore inorganique, elles rivalisent avec le phytoplancton pour le phosphore réactif soluble. Même si le phosphore est souvent le facteur limitant la croissance, les algues et les bactéries perdent du phosphore réactif soluble et, dans une moindre mesure, du phosphore non réactif de faible poids moléculaire. Pendant la période de croissance, le phosphore réactif soluble dans l'épilimnion peut être réduit à sa limite de détection. Les périodes au cours desquelles le broutage du zooplancton dépasse la production de phytoplancton peuvent généralement être reconnues par une augmentation de la concentration de SRP. Le SRP et le phosphore particulaire présentent des variations saisonnières complémentaires (CES, 2001). Le phosphore se déplace dans les sédiments par la descente des organismes et l'adsorption sur les minéraux argileux qui descendent. L'état d'oxydoréduction à l'interface sédiments-eau est d'une importance capitale pour déterminer le devenir du phosphore dans les sédiments. La concentration de phosphore est généralement plus élevée dans les sédiments que dans les eaux libres. En fonction du gradient de concentration, il y a continuellement une diffusion du phosphore dans les eaux libres. Lorsque la limite entre les eaux profondes et les sédiments est oxydée, le fer se présente sous la forme de Fe 3+. Le phosphore qui remonte des sédiments forme un complexe insoluble avec l'hydroxyde ferrique. Si le ferrique est condensé en ferreux, le complexe se dissout et peut retourner en solution. Le phosphore s'accumule dans l'hypolimnion anoxique, car ses restes y sont solubles et ne précipitent pas dans les dépôts. Les micro-organismes lacustres possèdent des fonctions clés dans tous les cycles biochimiques et sont donc cruciaux pour le fonctionnement des lacs (Salcher, 2014).

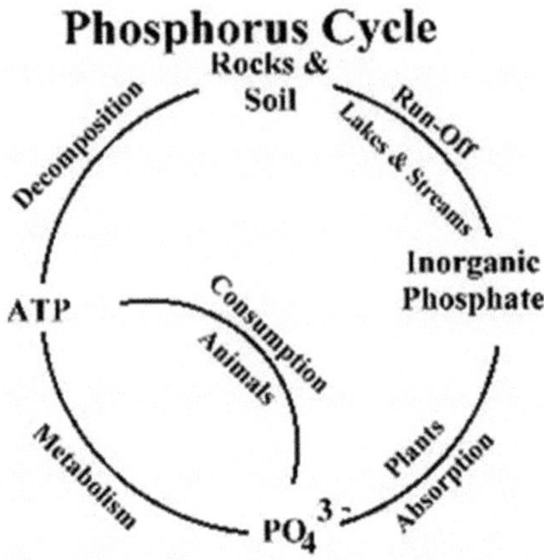

Figure 19 : Cycle du phosphore

En général, l'abondance du zooplancton est la plus élevée dans les eaux chaudes et productives des lacs où la biomasse phytoplanctonique est élevée (Masson, Pinel-Alloul et Dutilleul, 2004). La base du réseau alimentaire d'un lac est le plancton. Le plancton comprend toutes les particules organiques qui flottent librement et involontairement dans les eaux libres, indépendamment des rives et des fonds (Hutchinson, 1957). Les populations d'algues restent peu nombreuses en raison de l'assèchement de l'habitat et d'autres facteurs dissuasifs tels que les effets abrasifs du sable et du gravier dans la zone supralittorale. Des algues périphériques comme les diatomées et les desmides peuvent être identifiées dans la zone littorale, tandis que la population phytoplanctonique est principalement composée de cellules d'algues hétérotopiques incolores et de spores au repos d'algues photosynthétiques. Les communautés de phytoplancton dans les écosystèmes lacustres sont la composante la plus impérative qui varie considérablement en fonction des conditions environnementales disponibles et de l'état trophique de l'environnement. L'aspect changeant d'un écosystème lacustre détruit le réseau alimentaire et la santé de l'écosystème lacustre peut finalement se détériorer. Le zooplancton des lacs remplit plusieurs fonctions au sein de l'écosystème lacustre, notamment le transfert d'énergie et de nutriments des producteurs aux consommateurs secondaires, la séquestration des nutriments et l'élimination du phytoplancton de la colonne d'eau. La capacité de filtrage du zooplancton a des implications significatives sur l'état eutrophique d'un lac (An, Du, Li et Qi, 2012). Le réseau alimentaire d'un lac se forme et se maintient tout en préservant la biodiversité afin de fournir divers services écosystémiques fortement interdépendants. Les lacs souffrent rarement d'un manque d'eau, mais sont souvent improductifs en raison d'un manque de nutriments nécessaires à la croissance et à la reproduction des plantes. La photosynthèse lacustre comprend les algues et les macrophytes qui, ensemble, sont les producteurs primaires puisqu'ils créent la matière organique nécessaire aux autres organismes pour obtenir des nutriments et de l'énergie. D'autres poissons se nourrissent des consommateurs primaires et sont appelés consommateurs secondaires. Ils constituent le troisième niveau trophique. Enfin, les consommateurs plus importants, tels que les grands poissons et les hommes, sont des consommateurs tertiaires (quatrième niveau trophique). Ainsi, l'énergie et les nutriments issus de la production photosynthétique de biomasse et d'énergie se répercutent en cascade sur le réseau trophique. La respiration (l'oxydation de la matière organique) libère l'énergie qui a été captée à l'origine par la lumière du soleil via la photosynthèse. Les décomposeurs sont des puits pour les déchets végétaux et animaux, mais ils recyclent également les nutriments pour la photosynthèse. La quantité de matière morte dans un lac dépasse de loin la matière vivante. Le détritique est la partie organique de la matière morte d'un lac et se présente sous la forme de petits fragments de plantes, d'animaux et de micro-organismes.Les lacs sont classés comme suit en fonction de leur productivité :

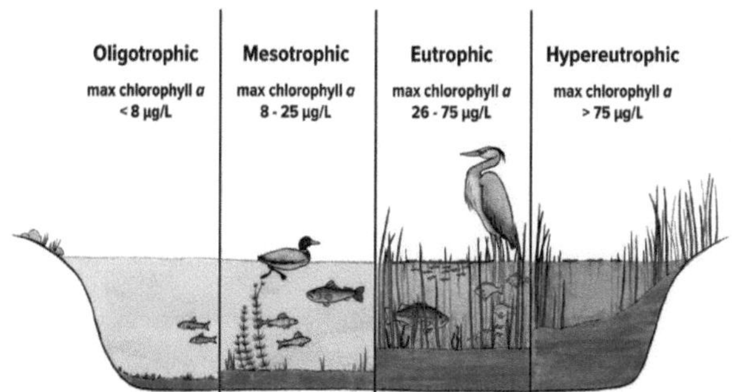

Figure 20 : Niveaux trophiques d'un lac

• **Lacs oligotrophes** : Ils présentent une faible productivité primaire et une faible biomasse associées à de faibles concentrations d'azote et de phosphore (nutriments). Ils ont tendance à être saturés en oxygène.

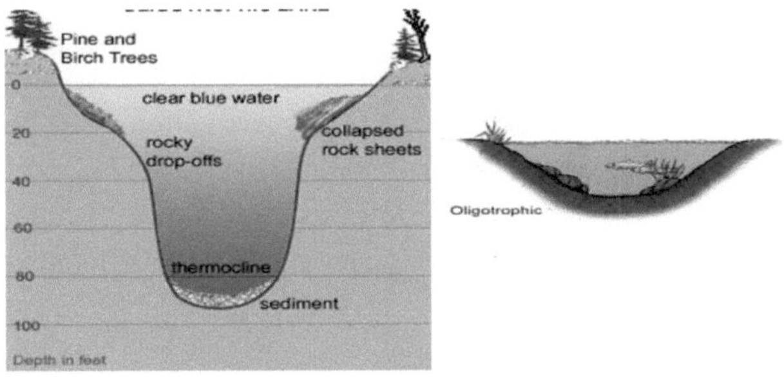

Figure 21 : Lac oligotrophe

•**Lacs mésotrophes** : Il s'agit de lacs en transition entre des conditions oligotrophes et eutrophes. Une certaine dépression de la concentration en oxygène se produit dans l'hypolimnion pendant la stratification estivale.

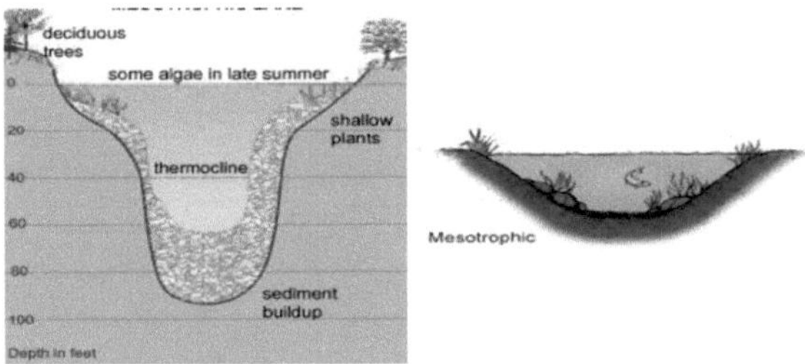

Figure 22 : Lac mésotrophe

•**Lacs eutrophes** : Ils présentent une forte concentration de nutriments, une forte productivité de la biomasse et une faible transparence. Les concentrations d'oxygène peuvent être faibles (jusqu'à 1 mg/L) dans l'hypolimnion en été.

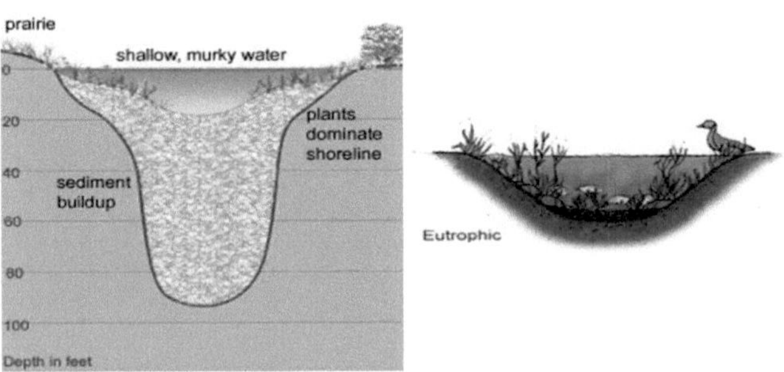

Figure 23 : Lac eutrophe

•**Lacs hyper-eutrophes** : Il s'agit de lacs en phase finale d'eutrophisation, avec une très forte concentration de nutriments et une production de biomasse associée. L'anoxie ou la perte totale d'oxygène se produit dans l'hypolimnion en été.

Figure 24 : Lac hypereutrophe

•**Lacs dystrophiques** : Il s'agit de lacs riches en matières organiques (acides humiques et fulviques) alimentés par des apports extérieurs au lac (bassin versant). Actuellement, la plupart des lacs des tropiques ont été identifiés comme des lacs eutrophes et les services écosystémiques sont très limités. Les lacs d'eau douce sont donc des écosystèmes aquatiques très menacés.

Figure 25 : Lac dystrophique

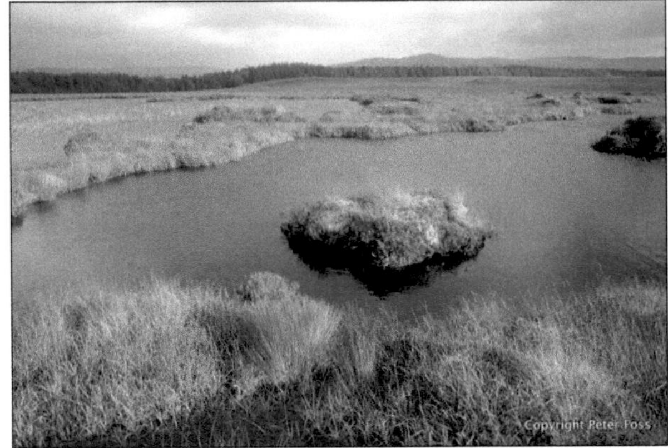

Source : http://www.fossenvironmentalconsulting.com

5. RÉSEAUX ALIMENTAIRES DES LACS ET INTERACTIONS

Un réseau alimentaire est constitué de toutes les interactions au sein d'une communauté entre les organismes qui comprennent la consommation de nourriture pour transmettre de l'énergie. Un réseau alimentaire intègre de nombreuses chaînes alimentaires dans un écosystème. Tant les producteurs et les consommateurs que les prédateurs et les proies s'engagent dans ce type de relations ((Lampert, 1987). Les plantes sont le premier lieu de transfert d'énergie. Au cours du processus de photosynthèse, les plantes peuvent transformer l'énergie solaire en une forme chimique d'énergie. Le glucose est un sucre qui est produit comme l'un des sous-produits de la photosynthèse et qui contient de l'énergie. Parce qu'elles produisent leur énergie sans dévorer d'autres êtres vivants, les plantes sont qualifiées de productrices. Les réseaux alimentaires lacustres sont constitués d'organismes dont le taux de renouvellement de la population est relativement rapide et qui interagissent dans un cadre relativement étroit. Ces caractéristiques nous permettent d'examiner facilement la dynamique souvent changeante de ces systèmes ou de modifier ces réseaux alimentaires dans le cadre d'expériences et d'évaluer rapidement la réaction du système. Les écologistes aquatiques ont testé des théories sur la structure et la fonction des réseaux alimentaires qu'il aurait été difficile, voire impossible, d'étudier dans de nombreux systèmes terrestres en utilisant des enclos, des étangs et des interventions sur des lacs entiers (Crowder et al, 1988). La recherche sur les réseaux trophiques lacustres est également importante pour améliorer la gestion des ressources en eau. Les lacs ont une valeur inestimable en tant que source d'eau potable pour l'homme et en tant qu'habitats naturels de la vie aquatique. La structure et le fonctionnement des réseaux alimentaires lacustres peuvent être affectés de manière significative par des substances toxiques et d'autres déchets associés aux activités humaines, et une grande partie de la recherche axée sur la gestion s'est concentrée sur le devenir et les effets de ces polluants. Récemment, nous avons appris que la structure et le fonctionnement du réseau trophique lui-même peuvent influer sur la façon dont les substances toxiques et les ajouts de nutriments affectent l'environnement (Crowder et al., 1988). Une gestion efficace des systèmes lacustres doit comprendre les liens complexes qui existent au sein des communautés lacustres et la façon dont ils affectent le flux d'énergie et la structure de la communauté. La majorité des lacs sont actuellement gérés pour atteindre un ou plusieurs objectifs, notamment la réduction de la charge en nutriments pour améliorer la qualité de l'eau, l'ensemencement et le prélèvement de poissons pour atteindre les objectifs de gestion de la pêche, et la réduction de la charge ou de l'impact des produits chimiques toxiques. Néanmoins, la majorité de ces décisions de gestion sont prises sans une bonne compréhension des interactions au niveau de la communauté (Crowder et al, 1988). Il ne sera pas facile d'élargir nos connaissances sur les réseaux alimentaires des lacs. Les écosystèmes de la zone limnétique et de la zone littorale, qui contiennent chacun des centaines d'espèces allant des micro-organismes au plancton, en passant par les insectes et les poissons, constituent le réseau alimentaire d'un lac. Ces créatures ont des cycles de vie très variés et les durées de génération des populations varient de quelques heures à plusieurs années. Les cycles environnementaux saisonniers et journaliers affectent également la dynamique temporelle des systèmes lacustres, et chaque groupe d'animaux réagit différemment à ces changements environnementaux en fonction de la dynamique de sa population. Par conséquent, la réponse des différents groupes d'organismes aux signaux environnementaux aura une dynamique temporelle différente. Si plusieurs populations interagissent, la dynamique temporelle d'un groupe peut avoir un impact sur la dynamique d'un autre groupe, ce qui conduit à un réseau complexe de réactions temporelles (Crowder et al, 1988).

Figure 26 : Réseau alimentaire dans le lac

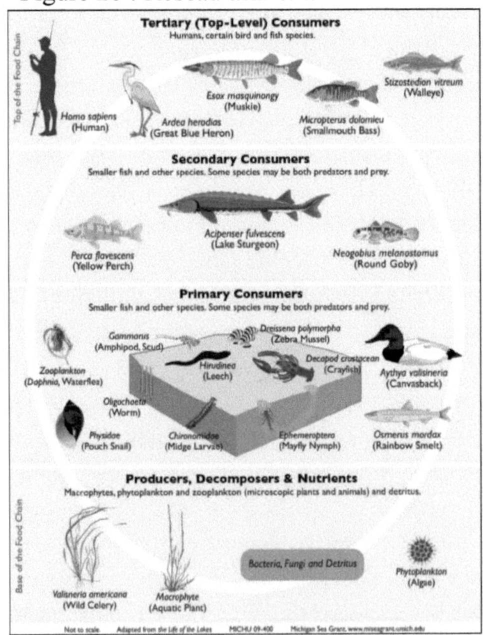

Source : https://www.michiganseagrant.org

Les communautés biologiques des lacs peuvent être organisées conceptuellement en chaînes et réseaux alimentaires pour nous aider à comprendre le fonctionnement de l'écosystème (Figure 28, Figure 29).

Figure 27 : Réseau alimentaire pour le lac

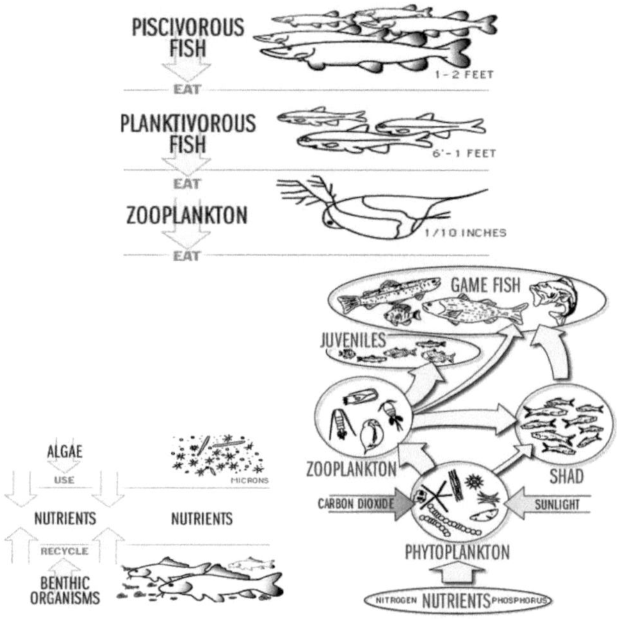

Source : http://waterontheweb.org ; http://waterontheweb.org

La pyramide écologique est la représentation la plus simple de la manière dont les espèces sont disposées dans un écosystème (figure 30).

Figure 28 : La pyramide écologique

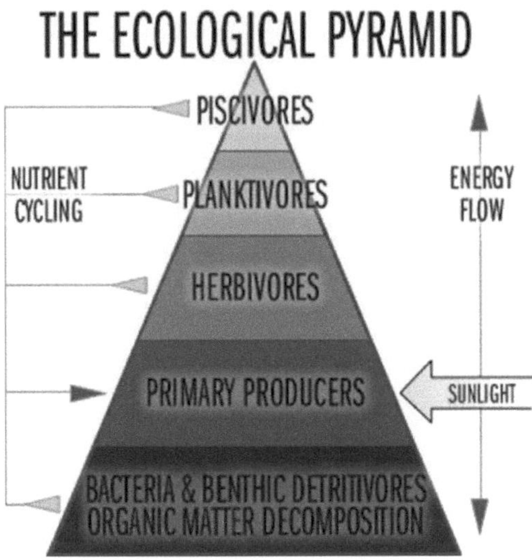

Source : http://waterontheweb.org

Le zooplancton, les planctons et un nombre nettement moins important de carnivores sont soutenus par une large base de producteurs primaires (prédateurs). Bien que ces niveaux trophiques spécifiques puissent donner l'impression d'une chaîne alimentaire, de nombreuses créatures sont omnivores et ne sont pas nécessairement associées à l'un ou l'autre niveau. En outre, les consommateurs, en particulier, changent fréquemment de niveau au cours de leur vie. Par exemple, une larve de poisson peut d'abord consommer des particules fines composées de bactéries, d'algues et de détritus. Lorsqu'elle atteint la maturité, elle peut alors passer à la consommation de zooplancton de plus grande taille et finalement commencer à manger de jeunes poissons de chasse (ex. : prédateurs supérieurs) ou ce que l'on appelle des "poissons fourrage" (figure 29). Dans les lacs, la photosynthèse et la respiration sont les deux principales activités de maintien de la vie, comme sur la terre ferme. Les plantes vertes utilisent l'énergie du soleil pour transformer des substances inorganiques et non vivantes telles que le dioxyde de carbone, l'eau et les composés minéraux en tissus végétaux organiques et vivants. Les algues et les macrophytes sont deux exemples de plantes photosynthétiques lacustres. Elles travaillent ensemble pour produire la matière organique dont la majorité des autres organismes ont besoin pour obtenir des nutriments et de l'énergie, ce qui fait d'elles les producteurs primaires. L'oxygène produit comme sous-produit de la photosynthèse s'ajoute à l'oxygène que l'atmosphère fournit déjà au lac. L'eau peut devenir sursaturée dans les couches d'eau où les taux de photosynthèse sont extrêmement élevés, comme lors d'une prolifération d'algues (Crowder et al, 1988). En d'autres termes, si l'on laisse l'eau s'équilibrer avec l'environnement, la teneur en oxygène peut être supérieure à 100 % de la saturation. La température de l'eau influe à son tour sur cette valeur de saturation. Une plus grande quantité d'oxygène peut être retenue dans une eau froide que dans une eau chaude. La seule source probable d'O2 dans les zones plus profondes du lac pendant la stratification est la photosynthèse. Celle-ci n'a lieu que si la lumière peut passer sous la thermocline. Il n'y a pas de source interne d'oxygène pour les eaux plus profondes dans les lacs où la lumière ne passe pas sous la thermocline (Krause et al, 2003).L'ensemble des interactions de la photosynthèse et de la respiration par les plantes, les animaux et les micro-organismes constitue le réseau trophique. Les réseaux alimentaires sont généralement très complexes et, dans un écosystème lacustre, des centaines d'espèces différentes peuvent être impliquées. Comme l'énergie disponible diminue à chaque niveau trophique, une large base alimentaire de producteurs primaires (principalement des plantes) est nécessaire pour faire vivre un nombre relativement faible de gros poissons (Krause et al, 2003). Les principaux consommateurs, ou le deuxième niveau trophique, peuvent ingérer ces plantes ou celles-ci peuvent mourir et se dégrader. Le zooplancton se nourrit principalement d'algues à ce niveau de la chaîne alimentaire, mais il peut également s'agir de larves de poissons qui consomment du zooplancton et d'une variété d'invertébrés qui consomment des algues connectées (périphyton) et des plantes supérieures. Les consommateurs secondaires sont des créatures qui dévorent les consommateurs primaires, tels que les petits poissons, et sont classés au troisième niveau trophique. Les consommateurs tertiaires comprennent des animaux encore plus gros, comme les gros poissons, les balbuzards et les humains (quatrième niveau trophique). En conséquence, les nutriments et l'énergie produits par la biomasse photosynthétique et l'énergie se répercutent en cascade tout au long de la chaîne alimentaire (Crowder et al, 1988). Certains nutriments sont recyclés jusqu'au sommet de la cascade. En oxydant la matière organique, la respiration libère l'énergie que la photosynthèse a initialement extraite de la lumière du soleil. Les animaux et les plantes utilisent tous deux la respiration pour se maintenir en vie, ce qui implique de consommer de l'oxygène. La décomposition de la matière organique expulsée et morte utilise une part importante de l'oxygène disponible, qui est consommé par les micro-organismes (bactéries et champignons). Bien que les décomposeurs recyclent les nutriments pour la photosynthèse, ils servent également de puits pour les déchets végétaux et animaux. Dans un lac, il y a beaucoup plus de matières mortes que de matières vivantes. La partie organique de la matière morte, ou détritus, peut prendre la forme de matière organique dissoute ou de minuscules morceaux de plantes et d'animaux désintégrés. Ces dernières années, les chercheurs ont compris que la communauté bactérienne et le zooplancton qui se nourrissent des déchets dans les lacs constituent une autre voie trophique importante.

6. MENACES SUR LES ÉCOSYSTÈMES LACUSTRES D'EAU DOUCE

Sur toute la planète, la fonte des glaciers, les eaux souterraines, la pluie et les lacs alimentés par les rivières ont tous contribué de manière significative à la croissance et à la civilisation de l'homme. Ils abritent une faune variée, fournissent 90 % de l'eau douce à la surface de la planète et permettent l'agriculture, la pêche et l'industrialisation. Cependant, ils disparaissent à un rythme jamais atteint auparavant en raison du changement climatique, de la pollution, de l'exploitation minière, de la pression démographique et de l'utilisation non durable des terres. Plus que tout autre écosystème dans le monde, les habitats d'eau douce ont perdu de leur étendue et de leur richesse (Mantyka-Pringle et al, 2016). La vie humaine dépend des milieux d'eau douce, qui fournissent l'essentiel de l'eau potable. Plus de 40 % des espèces de poissons dans le monde se trouvent dans ces milieux. Malgré la valeur et l'importance de nombreux lacs, rivières et zones humides, l'activité humaine a gravement endommagé ces écosystèmes et les a fait décliner beaucoup plus rapidement que les écosystèmes terrestres. Sur les 10 000 espèces de poissons d'eau douce connues, plus de 20 % ont disparu ou risquent de disparaître à brève échéance. Les barrages, l'agriculture et l'industrie, l'extraction d'eau, la pollution, les changements de débit, les espèces envahissantes, la surexploitation des espèces et le changement climatique sont quelques-uns des principaux dangers (Mantyka-Pringle et al, 2016). Ces dangers interagissent souvent de manière imprévisible, ce qui rend la gestion des écosystèmes d'eau douce encore plus difficile. Ces problèmes complexes et interdépendants sont souvent ignorés, ce qui entraîne de mauvaises décisions et, en fin de compte, l'extinction d'espèces. La déforestation, les pratiques agricoles et la construction de barrages sont les principales causes de la perte et de la dégradation des habitats. Ces opérations ont des effets néfastes majeurs sur les espèces d'eau douce lorsqu'elles ont lieu dans un bassin versant supérieur, car le limon est transféré dans les rivières et les lacs (Mantyka-Pringle et al, 2016).

Figure 29 : La déforestation affecte les lacs d'eau douce

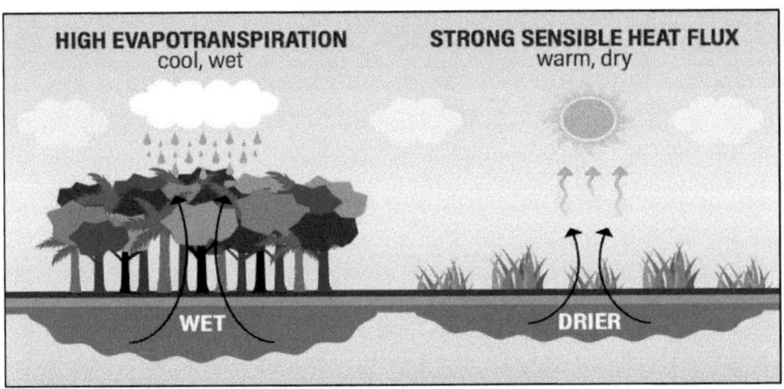

Source : https://e360.yale.edu

Les espèces d'eau douce sont gravement menacées par l'extraction non durable de l'eau pour l'irrigation, l'industrie et l'utilisation urbaine. La surexploitation des espèces d'eau douce, en particulier des poissons, constitue une menace pour ces écosystèmes (Postel et Carpenter 1997 ; Malmqvist et Rundle 2002). . L'écoulement de l'eau est modifié par le développement des infrastructures, notamment la construction de barrages et de digues. Dans le monde, il y a peut-être un million de barrages qui coupent les rivières en segments distincts. Les espèces d'eau douce, telles que les poissons, les mollusques et les reptiles, sont souvent incapables de s'adapter à ces changements et sont donc davantage menacées d'extinction (LeRoy Poff et al, 2012). La pollution constitue un autre risque sérieux pour ces habitats. Les zones sont devenues tellement empoisonnées qu'elles ne peuvent plus accueillir leur gamme typique d'espèces en raison de la pollution industrielle déversée directement dans les rivières et les lacs et du ruissellement des engrais provenant des terres agricoles (Trathan et al, 2014).Les environnements d'eau douce ont été considérablement perturbés par des organismes envahissants (Strayer, 2010). Par exemple, la carpe européenne (Cyprinus carpio) est une espèce envahissante qui supplante les poissons locaux. À l'exception du Territoire du Nord, elle a été introduite dans les cours d'eau australiens il y a plus de 100 ans et s'est depuis répandue dans tous les États et territoires. Récemment, le gouvernement fédéral a envisagé d'introduire un virus de l'herpès pour réduire le nombre de carpes. Les écosystèmes d'eau douce sont également menacés par le changement climatique, en particulier les espèces qui ne peuvent pas se déplacer ou s'adapter à des températures plus élevées. Les variations météorologiques extrêmes et les catastrophes naturelles telles que les inondations et les sécheresses devraient augmenter en fréquence en Australie, mettant gravement à l'épreuve l'écosystème d'eau douce (Mantyka-Pringle et al, 2016). La croissance de la population humaine et l'inadéquation entre la croissance de la population et la fourniture et l'accessibilité des ressources en eau constituent une préoccupation imminente (Cohen 1995). On estime que 1,8 milliard de personnes vivent aujourd'hui dans des conditions de stress hydrique élevé dans des régions où l'approvisionnement en eau potable est limité (Vorosmarty et al. 2000). Ce stress pourrait continuer à augmenter, la population vivant dans ces zones étant estimée entre 2,8 et 3,3 milliards d'ici 2025 (Engelman et LeRoy 1993, 1995 ; Cohen 1995). Les facteurs de stress et les impacts qui entraînent des changements dans les écosystèmes d'eau douce peuvent être classés en quatre grands types de menaces (Malmqvist et Rundle 2002).

- la perte ou la destruction complète de l'écosystème
- altération de l'habitat physique
- altérations de la chimie de l'eau
- les modifications de la composition des espèces

La perte ou la destruction d'écosystèmes est souvent liée au prélèvement d'eau dans le système (par exemple, dans les Alpes, Ward et al. 1999) en raison de l'urbanisation rapide et/ou de l'intensification de l'agriculture, ainsi que de l'augmentation de la demande en eau et de l'abaissement des nappes phréatiques qui en résultent en raison de l'extraction d'eau ailleurs. Selon Gleick (2001), il existe un lien direct entre la densité de population et la consommation d'eau, et l'irrigation représente la majorité de la demande mondiale en eau. Les opérations sur les cours d'eau (telles que la canalisation, la construction de barrages et l'assèchement des zones humides) et les activités liées au captage peuvent modifier l'habitat du système d'eau douce (telles que la déforestation, la mauvaise utilisation des terres et la modification du corridor riverain). La pollution due aux rejets d'eaux usées, la charge diffuse de nutriments provenant du ruissellement agricole, l'acidification due aux apports atmosphériques et l'introduction de perturbateurs endocriniens entraînent des modifications de la chimie de l'eau (Malmqvist et Rundle 2002). L'introduction d'espèces exotiques peut se faire directement ou indirectement (voir ci-dessous). Les extinctions sont fréquentes et résultent souvent de la surexploitation des organismes, de la destruction de l'habitat (ou de la perte d'habitat due au remplacement des espèces indigènes par des espèces envahissantes), de la perte de fonctions essentielles pour une espèce donnée à un stade particulier de son cycle de vie, ou de l'extinction d'un symbiote. En fonction notamment du niveau d'activité et de développement économique, les écosystèmes d'eau douce sont exposés à des risques variés selon les zones géographiques. L'eau est abondante aux latitudes élevées et sous les tropiques humides, mais il est plutôt difficile de trouver de l'eau potable dans de grandes parties de l'Afrique du Nord et de l'Est, de l'Australie et de l'Amérique du Nord. Les grands centres de population se trouvent souvent dans les régions où les précipitations sont les plus faibles, même dans les pays plus tempérés où les précipitations annuelles sont relativement élevées (comme Dublin et Londres). Il en résulte des pénuries d'eau locales qui doivent être résolues par de vastes projets d'ingénierie pour le stockage et/ou le transfert de l'eau, ainsi que par des activités de régulation de l'eau. Près de 40 % de la population mondiale vit dans 80 pays secs ou semi-secs, où les sécheresses sont fréquentes et graves (Cohen 1995) ; d'ici 2025, l'Afrique et l'Amérique du Sud subiront une pression accrue sur leurs réserves d'eau (Vorosmarty et al. 2000). Les propositions visant à détourner l'eau des régions éloignées vers les régions peuplées ne feront qu'exacerber les problèmes existants. L'eutrophisation et la diminution des nappes phréatiques causées par le captage des eaux souterraines menacent les lacs des pays industrialisés, alors que la surpêche et les invasions de plantes exotiques (comme la jacinthe d'eau Eichhornia crassipes) sont plus problématiques dans les pays sous-développés. Dans une grande partie du monde industrialisé (en raison de la lutte contre les inondations, du drainage, du creusement de canaux pour le transport et la circulation du bois, et du dragage), ainsi que dans le monde en développement, les écosystèmes d'eau courante sont gravement détruits (en grande partie à cause de la construction de barrages et de l'exploitation minière) (Covich et al., chapitre 3).

7. LACS D'EAU DOUCE AU SRI LANKA

Le Sri Lanka est une île tropicale d'une superficie de 65 525 km2, située au sud du sous-continent indien et séparée de celui-ci par le détroit de Palk, qui se rétrécit. L'île présente deux zones climatiques distinctes basées sur les précipitations annuelles : une zone humide couvrant le quart sud-est et une zone sèche englobant le reste du pays, généralement séparées par l'isohyète 2000 mm. Les lacs naturels sont rares sur l'île, à l'exception de quelques petits lacs de plaine inondable. Toutefois, ce déficit est compensé par de nombreux réservoirs, datant principalement de 800 à 2500 ans, construits stratégiquement pour l'irrigation des cultures de riz dans les basses terres à des altitudes inférieures à 200 m dans la partie la plus sèche du pays. Peu d'informations limnologiques sont disponibles pour ces réservoirs profonds ou ces lacs artificiels, bien que des études se soient concentrées sur les aspects de nombreux réservoirs d'irrigation peu profonds dans les basses terres (Fernando et De Silva, 1984 ; De Silva, 1988).

Le Sri Lanka s'enorgueillit de posséder trois hectares d'eau lentique insulaire pour chaque kilomètre carré de terre, mais il manque de lacs naturels. Les grands réservoirs créés par les barrages sur le Mahaweli et d'autres rivières, ainsi que les réservoirs plus petits appelés tanks dans les plaines du centre-nord, sont essentiels pour le stockage de l'eau pendant la saison sèche. Certains de ces réservoirs remontent à 2 000 ans. La région se caractérise par une concentration importante d'îles, de réservoirs (wewa), d'étangs, de canaux artificiels et d'autres étendues d'eau stagnante (Baldwin, 1991). Les réserves d'eau douce du Sri Lanka comprennent des réservoirs, des rivières, des ruisseaux et des zones humides (Nathanael et Silva, 1993). Dans la zone sèche, environ 12 000 réservoirs artificiels, classés en réservoirs permanents et en réservoirs saisonniers peu profonds, couvrent environ 170 000 hectares (Nathanael et Silva, 1993). Anuradhapura, une ancienne ville du Sri Lanka, possède des réservoirs saisonniers et pérennes dans des systèmes de cascades, le réservoir le plus ancien datant des 5e et 6e siècles avant J.-C. (Panabokke, 1999 ; Paranavitana, 1961).

Les zones humides jouent un rôle crucial dans les écosystèmes du Sri Lanka, fournissant de la nourriture, de l'eau potable, des matériaux de construction et d'autres avantages aux populations humaines, tout en contribuant à la conservation de la biodiversité. Les milieux d'eau douce du Sri Lanka abritent environ 25 % des espèces menacées (Bambaradeniya, 2004). L'Asian Wetland Directory identifie 41 sites de zones humides d'importance internationale au Sri

Lanka, couvrant une superficie totale de 274 000 ha. Ces zones humides peuvent être classées dans les catégories suivantes : zones humides intérieures d'eau douce (rivières, ruisseaux, marais, forêts marécageuses et "villosités"), zones humides d'eau salée (lagunes, estuaires, mangroves, herbiers marins et récifs coralliens) et zones humides artificielles (citernes, réservoirs, rizières et marais salants).

7.1 Zones humides intérieures d'eau douce

7.1.1 Ruisseaux et rivières

Le Sri Lanka est doté d'un grand nombre de rivières et de ruisseaux, contribuant à 103 bassins fluviaux naturels distincts. Ce réseau d'eau courante s'étend sur une distance de plus de 4 500 km. En particulier, les rivières Mahaweli, Walawe et Kelani traversent les trois pénéplaines et prennent leur source dans les hautes terres centrales. Les bassins fluviaux de la zone aride sont souvent saisonniers, ce qui contraste avec les bassins fluviaux pérennes qui prennent leur source dans les montagnes humides. Le fleuve Mahaweli, dont le bassin couvre 16 % de l'île, revêt une importance particulière, car il a un impact social et écologique considérable sur la région.

Figure 30 : Rivière Mahaweli

7.1.2 Les zones humides de Villu

Bien que le Sri Lanka ne dispose pas de lacs naturels, il possède un nombre important de lacs de plaine inondable appelés "Villus", qui couvrent une superficie totale de 12 500 hectares. La plupart des grands Villus sont situés dans la plaine inondable de Mahaweli, à l'est. Les Villus Handapan et Pendiya, interconnectés et d'une superficie de 796 hectares, représentent la plus grande partie de l'ensemble du système Mahaweli Villu. Le parc national de Wilpattu abrite également plusieurs habitats de Villu, illustrant la diversité de la présence de ces lacs de plaine inondable dans différentes régions du Sri Lanka.

Figure 31 : Mahaweli villu

7.1.3 Marais d'eau douce

Ces petites dépressions intérieures, souvent reliées à des rivières, reçoivent de l'eau provenant du ruissellement de surface, des crues des rivières et de l'infiltration des eaux souterraines. Principalement présents dans les zones rurales, ces marais contribuent à la formation de la tourbe, un sol collant gorgé d'eau et composé de matières organiques partiellement décomposées. Le marais de Muthurajawela, la plus grande tourbière du Sri Lanka, est un exemple remarquable de cet écosystème.

Figure 32 : Marais de Muthurajawela

7.1.4 Forêt marécageuse d'eau douce

La phase de succession tardive des écosystèmes de marais d'eau douce est caractérisée par des arbres adaptés qui prospèrent dans des eaux stagnantes peu profondes. À ce stade, les forêts marécageuses sont périodiquement inondées par l'eau des rivières. Une représentation exemplaire de ce type de zone humide est la forêt marécageuse de Walauwa Watta Wathurana, qui couvre 12 hectares et est située dans le bassin de la rivière Kalu. Ce type de zone humide est considéré comme le plus rare au Sri Lanka.

Figure 33 : Forêt marécageuse de Wathurana

Source : https://en.wikipedia.org

7.2 Zones humides d'eau salée

7.2.1 Estuaires et mangroves

Les zones humides côtières du Sri Lanka sont interconnectées, créant des environnements variés. Les estuaires se forment là où les rivières rencontrent la mer. Ces zones sont caractérisées par des fluctuations quotidiennes des marées et une salinité intermédiaire, communément appelée "eau saumâtre". Le Sri Lanka compte environ 45 voies d'eau qui contribuent à la formation des estuaires. Les mangroves, qui font partie de ces écosystèmes, présentent un niveau élevé de diversité dans les communautés végétales et se sont adaptées pour prospérer dans les conditions dynamiques des habitats estuariens. Malheureusement, les mangroves disparaissent rapidement au Sri Lanka, couvrant moins de 10 000 hectares le long du littoral. L'estuaire de Maduganga et l'estuaire de Bentota sont des exemples typiques d'estuaires sri-lankais avec des zones humides de mangrove.

Figure 34 : Estuaire de la Maduganga

7.2.2 Lagunes

Les zones humides côtières caractérisées par des eaux salines ou saumâtres et isolées de la mer par un banc de sable bas sont appelées lagunes. Ces lagunes ont généralement un ou plusieurs débouchés relativement étroits, permanents ou temporaires, vers la mer. Ils peuvent abriter différents types de zones humides côtières, notamment des mangroves, des vasières et des prairies d'herbes marines. Le littoral du Sri Lanka compte environ 42 lagunes de ce type, parmi lesquelles le Bundala Lagoon, le Mundel Lake et le Kalametiya Lagoon.

Figure 35 : Lagune de Bundala

7.2.3 Récifs coralliens et herbiers marins

Au Sri Lanka, il existe deux zones humides marines subtidales importantes dont la profondeur est inférieure à six mètres. Les récifs coralliens, formés par les structures calcaires créées par un groupe de crustacés marins, sont une caractéristique distinctive de ces écosystèmes marins. Les récifs coralliens sont réputés pour leur beauté époustouflante et présentent une diversité biologique comparable à celle d'une forêt tropicale. On trouve de vastes habitats de récifs coralliens dans le golfe de Mannar, sur la côte est, de Trincomalee à Kalmunai, et à plusieurs endroits le long des côtes sud et sud-ouest du Sri Lanka. Hikkaduwa et Rumassala en sont des exemples, illustrant la diversité et la vitalité des écosystèmes marins soutenus par ces récifs coralliens.

Figure 36 : Récifs coralliens de Hikkaduwa

Les herbiers marins sont des plantes marines dont les racines produisent des graines. On les trouve généralement dans les lagunes, les estuaires et les environnements marins protégés et peu profonds. Au Sri Lanka, les plus grands herbiers marins sont situés dans les mers côtières du nord-ouest, couvrant des zones telles que Kalpitiya à Mannar. Ces écosystèmes jouent un rôle crucial dans la biodiversité côtière et fournissent un habitat à diverses espèces marines.

Figure 37 : Herbier de Kalpitiya

7.3 Zones humides artificielles

7.3.1 Citernes et réservoirs

Au lieu de lacs naturels, le Sri Lanka a transformé son paysage de zones humides en créant de nombreux anciens réservoirs d'irrigation. Ces zones humides artificielles, dont le nombre avoisine les 10 000, témoignent du riche héritage culturel du Sri Lanka. Parmi elles, les grands réservoirs d'irrigation de plus de 200 hectares couvrent 7 820 hectares, tandis que les réservoirs d'irrigation saisonniers/minoritaires, de moins de 200 hectares chacun, couvrent collectivement 52 250 hectares. Le Parakrama Samudraya et le Minneriya tank sont des exemples d'anciens réservoirs d'irrigation typiques. Ces structures ne servent pas seulement à des fins agricoles, mais contribuent également au patrimoine historique et culturel du pays.

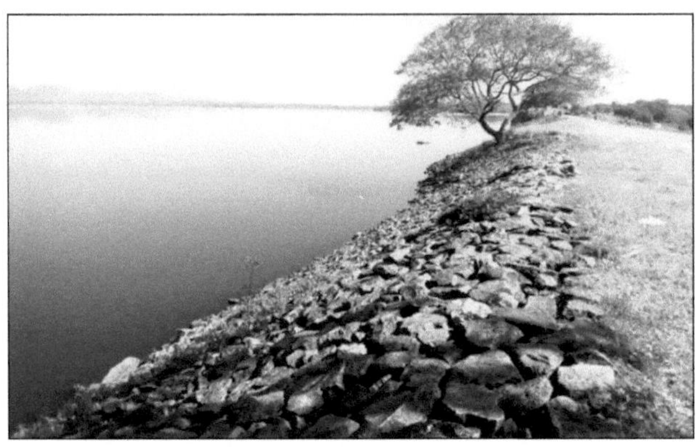

Figure 38 : Réservoir de Minneriya

7.3.2 Rizières

Les rizières sont caractérisées par un bassin temporaire et saisonnier d'eau stagnante, ce qui les distingue des paysages agricoles. Par essence, les rizières submergées peuvent être considérées comme des marais gérés de manière agronomique. Il s'agit d'écosystèmes aquatiques dynamiques qui font l'objet d'une gestion agronomique à des degrés divers. Actuellement, plus de 780 000 hectares, représentant environ 12 % de la superficie totale du pays, sont consacrés à la production de riz dans toutes les régions agro-écologiques du Sri Lanka, à l'exception de celles situées à des altitudes particulièrement élevées. La majorité, plus de 75 %, des rizières du Sri Lanka sont situées dans des systèmes de vallées intérieures de tailles et de formes diverses, les 25 % restants étant situés dans des plaines alluviales et même sur des hautes terres en terrasses.

Figure 39 : Rizière au Sri Lanka

8. STATUT DES LACS D'EAU DOUCE AU SRI LANKA (ARTIFICIELS ET NATURELS)

Le Sri Lanka compte environ 103 bassins fluviaux sur son territoire. Malgré l'absence de lacs naturels sur son territoire de 59 217 hectares, l'île compte plus de 12 000 lacs artificiels, connus sous le nom de réservoirs. Ces réservoirs, principalement concentrés dans la zone aride, ont été construits par les anciens souverains pour stocker l'eau des pluies de la mousson du nord-est afin de pouvoir l'utiliser tout au long de l'année à des fins domestiques et agricoles. Des réservoirs notables comme Castlereigh, Victoria, Kotmale, Rantambe et Randenigala contribuent également aux ressources en eau de l'île. La chaîne de collines centrale est à l'origine de certaines rivières du Sri Lanka, caractérisées par un débit constant tout au long de l'année en raison de la présence de bassins versants forestiers qui maintiennent la disponibilité de l'eau même pendant les saisons sèches. Les villus, petites dépressions d'une profondeur maximale d'un mètre, jouent un rôle dans l'hydrologie diversifiée de l'île. Alors que certains villus perdent de l'humidité et dépendent de la pluie ou des eaux souterraines pour se réapprovisionner, d'autres restent perpétuellement remplis. Certains villosités contiennent de l'eau salée, ce qui ajoute à la diversité hydrologique. Les mares transitoires, brèves dépressions remplies d'eau de pluie ou de débordement de rivière, sont courantes et s'assèchent généralement vers la fin de la saison sèche. Avant d'atteindre la mer, la majorité des petits cours d'eau se déversent dans des estuaires ou des lagunes, sous l'influence des marées, ce qui entraîne parfois des conditions salines. Certaines eaux de marée sont connues pour s'étendre loin en amont le long des rivières. Le Sri Lanka s'enorgueillit d'une gamme étendue et diversifiée d'écosystèmes d'eau douce, englobant différents types de rivières et de ruisseaux, y compris des masses d'eau à débit lent, à débit rapide, temporaires, pérennes, de basse et de haute altitude. Les études contemporaines de Brinck et al. (1971) et de Costa et Starmuhlner (1972) donnent un aperçu complet des caractéristiques physiques, chimiques et biologiques des eaux océaniques dans l'ensemble de l'île. Les discussions de Fernando et Indrasena (1969), Fernando (1971, 1973, 1978) et Fernando (1971) ont notamment mis en lumière les habitats stagnants (lentiques), tels que les lacs et les rizières. Les activités humaines, marquées par la construction de barrages sur les rivières et l'expansion des rizières, ont eu un impact significatif sur les eaux lotiques et lentiques. Les lacs artificiels, en particulier ceux de type villus ou Varzea, remplacent les lacs naturels au Sri Lanka, ce qui souligne l'importance de l'implication humaine dans l'écosystème aquatique. Historiquement, les zones humides étaient considérées comme des terres en friche, susceptibles d'être modifiées ou restaurées pour les besoins de l'homme. Certaines zones humides ont été dégradées par le drainage et l'utilisation comme décharges pour les ordures et les déchets urbains dans le cadre d'initiatives de développement qui les considéraient comme adaptées uniquement à ces fins. Cependant, une compréhension croissante a mis en évidence l'importance critique des zones humides, les considérant comme l'un des écosystèmes les plus précieux et les plus menacés qui abritent diverses espèces végétales et animales, ainsi que des populations humaines. Attirant initialement les naturalistes et les chasseurs de gibier d'eau, les zones humides sont aujourd'hui reconnues par un segment croissant de la société pour les nombreux avantages qu'elles offrent. Il est de plus en plus évident que diverses industries, notamment l'agriculture, la lutte contre les inondations, la purification de l'eau, la pêche et les loisirs, ont beaucoup à gagner de l'utilisation rationnelle et de la conservation des zones humides marines et d'eau douce. Au Sri Lanka, la conservation des zones humides relève principalement du secteur de la faune et de la flore, comme en témoignent des textes législatifs tels que l'ordonnance de 1938 sur la protection de la faune et de la flore et ses amendements ultérieurs. Malgré ces cadres juridiques, la reconnaissance effective de l'importance vitale de la conservation des zones humides a tardé à venir. Les zones humides, y compris les rivières, les plaines inondables, les réservoirs d'irrigation et les rizières, ont une importance culturelle car elles ont servi de berceau à d'anciennes civilisations. L'avènement de la riziculture, qui remonte à plus de 2500 ans avec l'immigration indo-aryenne, a marqué l'émergence de sociétés sédentaires dans les régions arides, incorporant des systèmes d'irrigation sophistiqués comprenant de vastes réservoirs, des écluses et des canaux.La majorité des zones humides du Sri Lanka sont confrontées à des menaces multiformes dues à des activités humaines préjudiciables. L'envasement, souvent induit par des facteurs externes plutôt que par des événements intrinsèques aux zones humides, apparaît comme un danger majeur. L'expansion de l'aquaculture, influencée par des événements tels que l'attaque des points blancs, a conduit à l'abandon généralisé des étangs, laissant de nombreuses zones arides. Les initiatives de développement en cours et prévues pour la croissance économique du pays exacerbent les pressions sur les zones humides existantes, en particulier les marais dans les régions urbaines et suburbaines de faible altitude. Il est essentiel de s'attaquer efficacement à ce problème pour garantir la survie des zones humides intérieures et de leurs ressources biologiques dans le cadre de l'allocation croissante des zones humides et des ressources en eau à une population humaine de plus en plus nombreuse. Les futurs efforts de conservation des lacs intérieurs d'eau douce nécessitent une collaboration étroite entre les biologistes de la conservation, les environnementalistes, les planificateurs du développement et les décideurs politiques afin de concevoir des solutions pratiques aux défis décrits.

9. ÉTAT DE CONSERVATION DES LACS AU SRI LANKA

Parmi les moyens de protection juridique, les lois et réglementations environnementales, les normes de qualité de l'eau pour la protection portable, industrielle, récréative et internationale des zones humides sont identifiables. La loi nationale sur l'environnement de 1980 (amendée en 2000 par la loi n° 53 et en 1986 par la loi n° 56) prévoit une protection juridique pour les environnements menacés qui doivent être conservés le plus tôt possible en vertu des déclarations n° 24 (i) et 24 (ii). Nuckles (2007), Gregory Lake (2007), Muthurajawela buffer zone (2006), Maragala Mountain (2008), Thalangama Lake (2007), Walawwewatta Waturana (2009), Bolgoda Lake (2009) et Hanthana (2010) sont déclarées APE dans le pays. Bien qu'ils aient été déclarés APE en raison de leurs caractéristiques uniques et des services écosystémiques qu'ils possèdent et fournissent à chaque site, la littérature existante indique les problèmes environnementaux et les menaces qui pèsent sur ces écosystèmes lentiques. Lcs lacs Gregory et Thalanagma sont de bons exemples pour illustrer le statut d'APE. Cela implique l'échec de la protection juridique dans la conservation et la restauration des masses d'eau lentiques. Il est regrettable qu'en dépit de leur rôle essentiel dans le maintien des eaux et des écosystèmes urbains, les lacs des zones suburbaines n'aient reçu que peu d'attention. Bien qu'il existe plusieurs lois et règlements visant à protéger les écosystèmes lacustres, il s'agit simplement d'une loi ou d'un règlement privé de pouvoir en raison des exigences humaines qui ont dépassé cette protection juridique et les lois et règlements existants ne sont plus adéquats. Le contexte sri-lankais est le même. Bien que les APE revêtent une importance particulière, leur statut actuel est similaire à celui des masses d'eau lacustres ne relevant pas de l'APE et présentant des risques pour l'environnement. Cela constituera un obstacle à la réalisation des objectifs de développement durable (ci-après dénommés "ODD"). Il est donc nécessaire de connaître l'état de la durabilité écologique et socio-économique pour comprendre l'écosystème lentique et appliquer des méthodes de restauration appropriées, en particulier pour les masses d'eau lentiques urbaines.

9.1 Les ODD et la restauration, la réhabilitation et la gestion des lacs

L'évaluation de la durabilité écologique et socio-économique des écosystèmes lacustres, directement et indirectement, met l'accent sur la relation entre les ODD et la restauration et la réhabilitation des lacs. L'Agenda 2030 est intégré aux cinq P (personnes, planète, prospérité, paix et partenariat). Les actions nécessaires pour parvenir à un développement durable des écosystèmes lacustres sont étroitement liées aux neuf ODD répartis en trois P : les personnes (ODD 1, 2 et 3), la planète (ODD 6, 13, 14 et 15) et la prospérité (ODD 7 et 8). Une fois la durabilité écologique et socio-économique des lacs évaluée, les indicateurs de suivi de la durabilité des lacs peuvent être identifiés. De nos jours, ces lacs urbains et suburbains sont transformés en sites de loisirs, ce qui entraîne des effets négatifs invisibles qui affectent à leur tour la durabilité. Dans ce contexte, il est devenu difficile d'atteindre les objectifs et finalement les ODD. Par exemple, bien que le lac Thalangama soit une APE, les menaces visibles sont les lacunes liées à l'existence ou non d'une APE et les échecs des lois existantes. Cela souligne la nécessité d'une approche holistique qui peut à la fois traiter et restaurer tout en maintenant la durabilité des interactions entre l'homme et l'écosystème. Par conséquent, l'évaluation environnementale doit proposer une gestion et une conservation future ainsi qu'une restauration dans un cadre plus avancé.

9.2 Le Fonds mondial pour la nature (FMN)

Le Fonds mondial pour la nature (FMN) est une fondation indépendante à but non lucratif qui se consacre à la conservation de la nature et de l'environnement. Fondée en 1998, elle fonctionne de manière autonome avec des bureaux à Radolfzell, Bonn et Berlin en Allemagne. L'une des principales initiatives de la GNF est le Réseau des lacs vivants, une coalition mondiale d'organisations qui défendent la protection des lacs et des zones humides. Le réseau compte actuellement 108 membres dans le monde entier. Parmi les membres importants du réseau mondial des lacs vivants figurent les lacs Bolgoda et Madampe (www.globalnature.org/livinglakes).

9.3 Fondation EMACE du Sri Lanka

EMACE, une organisation non gouvernementale (ONG) locale, se consacre depuis près de 30 ans aux efforts de conservation dans la région du lac Bolgoda. Elle se concentre sur la protection et la restauration de la biodiversité. EMACE s'engage activement dans des programmes communautaires d'éducation à l'environnement, plaide en faveur d'une amélioration des lois environnementales par le biais d'initiatives de la société civile et met en œuvre divers projets, notamment des programmes d'énergie renouvelable, de bioculture, d'atténuation du changement climatique et des initiatives d'entreprises sociales. Pour en savoir plus sur leur travail, vous pouvez consulter leur site web à l'adresse suivante : www.emace.org.

9.4 Fondation Nagenahiru - Centre pour la conservation des lacs et des zones humides, Sri Lanka

La Fondation Nagenahiru, créée en 1991, est impliquée dans diverses initiatives englobant l'éducation environnementale au niveau communautaire, la conservation de la nature, les programmes de sensibilisation et les efforts visant à réduire la pauvreté et à renforcer les capacités des communautés locales.

La fondation mène activement des programmes de conservation et de restauration des mangroves, contribuant ainsi à la durabilité de l'environnement. Pour plus d'informations sur ses initiatives, vous pouvez consulter son site web à l'adresse suivante : www.nagenahiru.org.In Dans le domaine de la gestion des écosystèmes, il y a une absence notable d'approches et de cadres globaux qui garantissent un scénario gagnant-gagnant, en particulier dans de nombreux pays en développement. Les méthodes de gestion actuelles présentent de nombreux inconvénients. Les expériences et les connaissances acquises peuvent servir de base à l'application de ces leçons aux cadres émergents, favorisant ainsi des approches plus efficaces et durables de la gestion des écosystèmes.

****Tous les chiffres de ce livre proviennent du World Wide Web.***

BIBLIOGRAPHIE

Abdullah, H. S. (2010). Évaluation de la qualité de l'eau du lac Dokan à l'aide d'images satellite Landsat 8OLI. Université de Sulaimani, Faculté d'ingénierie.

Abegunawrdena, P., et Senarathne, A. (2002). Ressources naturelles et économie de l'environnement (1 éd.). Kesbewa : Publication de l'auteur.

Agence, E. E. (1999). Indicateurs environnementaux : Typologie et vue d'ensemble. Rapport technique n° 25, Copenhague.

Ali, M. I., Dirawan, G. D., Hasim, A. H., et Abidin, M. R. (2019). Détection des changements dans les masses d'eau de surface zone urbaine avec les méthodes NDWI et MNDWI. International journal on advanced science engineering information technology, 9(3), 946-915.

An, X., Du, Z., Li, P. et Qi, J. (2012). Structure of the zooplankton community in Hulun Lake, China (Structure de la communauté zooplanctonique du lac Hulun, Chine). Procedia Environmental Sciences, 13, 1099-1109.

Anand, A. (2014). Linking urban lakes : évaluation de la qualité de l'eau et de ses impacts sur l'environnement. Enschede, Pays-Bas : auteur.

Aoki, I. (2012). Les écosystèmes lacustres. In Entropy principle for the development of complex biotic systems, organisms, ecosystems, the earth (pp. 73-86). Elsevier. doi:https://doi.org/10.1016/C2011-0-06142-2

Ashton, P. M., et Gunatilleke, C. V. (1987). New light on the plant geography of Ceylon I. Historical plant geography. Journal of Biogeography, 14, 249-285.

Atıcı, T. et Tokatli, C. (2014). Diversité algale et évaluation de la qualité de l'eau avec l'analyse de cluster de quatre lacs d'eau douce (Mogan, Abant, Karagöland Poyrazlar) de la Turquie. Wulfenia journal, 21(4), 155-169.

Atkins, J., Burdon, D., Elliott, M. et Gregory, A. (2011). Management of the marine environment : integrating ecosystem services and societal benefits with the DPSIR framework in a systems approach (Gestion de l'environnement marin : intégration des services écosystémiques et des bénéfices sociétaux avec le cadre DPSIR dans une approche systémique). Marine Pollution Bulletin, 62, 215- 226.

Bailey, R. G. (2009). Ecosystem Geography (2e éd.). États-Unis : Springer.

Balasubramanium. (2013). Origine et caractéristiques des lacs. Mysore :

Université de Mysore.

Bambaradeniya, C., Edirisinghe, J., Silva, D., Gunathilaka, C., Ranawana, K. et Wijekoon, S. (2004). Biodiversity associated with an irrigated rice agro-ecosystem in Sri Lanka (Biodiversité associée à un agroécosystème de riz irrigué au Sri Lanka). Biodiversity and Conservation, 13, 1715-1753.

Basavarajappa, S. (2006). L'avifaune des agroécosystèmes de la région de Maidan dans le Karnataka. Zoos' journal, 21(4), 2217-2219.

Brandon, P. G., et Blendinger, P. G. (2016). Effet de l'habitat et de la structure du paysage sur l'abondance des oiseaux d'eau dans les zones humides du centre de l'Argentine. Wetlands ecology and management, 24(1), 93-105. doi:10.1007/s11273-015-9454-y.

Bronmark, C., et Hansen, L.-A. (2002). Environmental issues in lakes and ponds : current state and perspectives. Environmental conservation, 29(3), 290-306. doi:10.1017/S0376892902000218

Bronmark, C., et Hansson, L.-A. (2005). The biology of lakes and ponds (2e éd.). New York : Oxford University Press.

Bronmark, C., et Hansson, L.-A. (n.d.). Environmental threats to lake and pond ecosystems (Menaces environnementales pour les écosystèmes des lacs et des étangs).

Brookes, T. M., Mittermeier, R. A., Mittermeier, C. G., Fonseca, G. A., Rylands, A. B., Konstant, W. R., Hilton-Taylor.C. (2002). Habitat loss and extinction in the hotspots of biodiversity. Conservation biology, 16, 909-923.

Chapman, D. (1996). Water quality assessment - A guide to using biota, sediments, and water in environmental monitoring (Évaluation de la qualité de l'eau - Guide d'utilisation des biotes, des sédiments et de l'eau dans la surveillance environnementale). Cambridge : Great Britain at the University Press.

Chorus, I., Falconer, I., et Salas, H. J. (2000). Health risks caused by freshwater cyanobacteria in recreational water (Risques pour la santé causés par les cyanobactéries d'eau douce dans les eaux de loisirs). Journal of Toxicology and Environmental Health, 3(4), 323-347.

Chowdhury, A. H. (2012). Impact of Water Pollution on the Ecology and Biology of Utricularia : Impact of Water Pollution on the Aquatic Carnivorous Plant. LAP LAMBERT Academic Publishing.

Covich, A., Austen, M., Bärlocher, F., Chauvet, E., Cardinale, B., Biles, C., . . . Moss,

B. (2004). Le rôle de la biodiversité dans le fonctionnement des écosystèmes benthiques d'eau douce et marins. BioScience, 54, 767-775.

David, R. et Iain, S. (2008). The importance of plankton. Dans M. S. Iain et R. David (Eds.), Plancton : a guide to their ecology and monitoring for water quality (pp. 1-14). Collingwood, Vic. : CSIRO Publishing.

Dodson, S., Arnott, S. et Cottingham, C. (2000). The relationship in lake communities between primary productivity and species richness. Ecology, 81, 2662-79.

Dudgeon, D., Angela, H. A., Mark. O. Gessner, Zen-Ichiro, K, Duncan, J. K., Christian, LCaroline, A. S. (2007). Biodiversité des eaux douces : importance, menaces, statut et défis en matière de conservation. Biological Reviews, 81(2), 163-182. doi:https://doi.org/10.1017/S1464793105006950

Elmqvist, T., Zipperer, W. et Güneralp, B. (2016). Urbanisation, perte d'habitat, déclin de la biodiversité : solutions pour briser le cycle. Dans Seta, Solecki et Griffith. (Eds.), Routledge handbook of urbanization and global environmental change. Londres : Routledge.

Elphick, C., et Oring, L. (1998). Winter management of California rice fields for waterbirds (Gestion hivernale des rizières californiennes pour les oiseaux d'eau). Journal of Applied Ecology, 35, 95-108.

Fasola, M. et Ruiz, X. (1996). The value of rice fields as substitutes for natural wetlands for waterbirds in the Mediterranean region. Colonial Waterbirds, 19(1), 122-128.

Fath, D. (2009). Ecologie des écosystèmes, histoire, définition. Dans S. Jorgensen (Ed.), Ecosystem ecology (pp. 6-12). Autriche : Elsevier.

(2016). Stratégie finale de gestion des zones humides de Metro Colombo. France : Bureau du paysage et de l'urbanisme.

Finlayson, C. M., et Davidson, N. C. (1999). Étude mondiale des ressources en zones humides et priorités pour l'inventaire des zones humides. Ramsar. Consulté le 12 mai 2014 sur 3. http://www. ramsar.org/cop7doc_19.3_f.

Flores, L. (2008). Urban lakes : ecosystems at risk, worthy of the best care. Dans M. Sengupta, et R. Dalwani (Ed.), Proceedings of Taal2007 : The 12th World Lake Conference : 1333-1337.

Gamfeldt, L., et Hillebrand, H. (2008). Biodiversity effects on aquatic ecosystem functioning - maturation of a new paradigm (Effets de la biodiversité sur le fonctionnement des écosystèmes aquatiques - maturation d'un nouveau paradigme). International review of hydrobiology, 93, 550-564.

Gari, S. R., Guerrero, C. O., Uribe, B., Icely, J., et Newtown, A. (2018). DPSIR-analyse des utilisations de l'eau et des problèmes de qualité de l'eau connexes dans le conseil communautaire colombien Alto et Medio Dagua. Water Science, 32, 318-337.

Giller, P., Hillebrand, H., Berninger, U.-G., Gessner, M., Hawkins, S., Inchausti, P.O'Mullan, G. (2004). Biodiversity effects on ecosystem functioning : Emerging issues and their experimental test in aquatic environments. Oikos, 104, 423-436.

Glasson, J., Therivel, R., et Chadwick, A. (1999). Introduction à l'évaluation de l'impact sur l'environnement. Principes et procédures, processus, pratique et perspectives. L'environnement naturel et construit

Groga, N., Ouattara, A., A.Koulibaly, Dauta, A., C.Amblard, Laffaille, P., et Gourene, a. G. (2014). Dynamique et structure de la communauté phytoplanctonique et de l'environnement dans le lac Taabo (Côte d'Ivoire). Revue internationale de recherche en santé publique et environnementale, 1(3), 70-86.

Gunathilaka, M. D. K.L.(2020). Land use and land cover changes and Avifauna : an empirical analysis of loss of agricultural wetlands and its impact on avian species in suburban areas. International Journal of Scientific and Research Publications, 10(5), 263-272. doi:http://dx.doi.org/10.29322/IJSRP.10.05. 2020.p10132

Gunathilaka, M. D.K.L, et Kumar, J. R. (2019). Le patrimoine culturel de Mannar : Dévoiler la source économique cachée pour le tourisme culturel et patrimonial. 12e conférence annuelle de recherche sur les sciences humaines et sociales. Société royale asiatique, Sri Lanka.

Haines-Young, R., et Potschin, M. (2010). The links between biodiversity, ecosystem services, and human well-being (Les liens entre la biodiversité, les services écosystémiques et le bien-être humain). Dans D. Raffaelli, et C. Frid (Eds.), Ecosystem ecology : a new synthesis (Vol. BES Ecological Review series). Cambridge : Cambridge University Press.

Hansen, B. D., Menkhorst, P., Moloney, P., et Loyn, R. H. (2015). Long-term declines in multiple waterbird species in a tidal embayment, south-east Australia

(Déclin à long terme de plusieurs espèces d'oiseaux d'eau dans une baie de marée, sud-est de l'Australie). Australecology, 40(5), 515-527. doi:10.1111/aec.12219

Hardisky, M. A., Daiber, F. C., Roman, C. T., et Klemas, V. (1984). Remote sensing of biomass and annual net aerial primary productivity of a salt marsh. Remote Sensing of Environment, 16, 91-106.

Helen, A. C., et Katharine, C. P. (2002). Agricultural wetlands and waterbirds : a review. Waterbirds : The International Journal of Waterbird Biology, 25(special (2)), 56-65. Consulté le 02 03, 2019, sur https://www.jstor.org/stable/1522452

Hendrawan, D. (2005). Qualité de l'eau des rivières et des lacs de la capitale Jakarta.
MAKARA TEKNOLOGI, 9(1), 13-19.

Hennya, C. et Meutia, A. A. (2014). Lacs urbains dans la mégapole de Jakarta : Risk and Management Plan for. Procedia Environmental Sciences. 20, pp. 737 - 746. Elsevier. doi:10.1016/j.proenv.2014.03.088

Henry, D. A., et Cumming, G. S. (2016). Les processus spatiaux et environnementaux montrent une variation temporelle dans la structuration des métacommunautés d'oiseaux d'eau. Ecosphere,7(10). doi:10.1002/ecs2.1451

Herath, H. (2016). Causes et effets de l'enfouissement du paddy dans la province de l'Ouest.
Colombo : Hector Kobbekaduwa Agrarian Research and Training Institute.

Hettiarchchi, M., Anurangi, J., et Alwis, A. D. (2011 (5) :). Caractérisation et description de la qualité des eaux de surface dans les zones humides urbaines menacées autour de la ville de Colombo. Journal of Wetlands Ecology, 10-19. doi:10.3126/jowe.v5i0.2831

Ho, L. T., et Goethals, P. L. (2019). Opportunités et défis pour la durabilité des lacs et des réservoirs concernant les objectifs de développement durable. Water, 11(1462), 1-19.

Houlahan, J., Findlay, C., Schmidt, B., Meyer, A., et Kuzmin, S. (2000). Quantitative evidence for global amphibian population decline (preuves quantitatives du déclin de la population mondiale d'amphibiens). Nature, 404, 752-755.

Hu, W., Zhou, W. et He, H. (2015). The Effect of Land-Use Intensity on Surface

Temperature in the Dongting Lake Area, China (L'effet de l'intensité de l'utilisation des terres sur la température de surface dans la région du lac Dongting, Chine). Advances in meteorology, 1-11.

Hung, V. N. (2019). Évaluation de l'impact environnemental du lac Hoan Kiem avec un accent sur la planification du développement urbain en utilisant un cadre DPSIR. Information géospatiale pour une vie plus intelligente et la résilience environnementale (pp. 1- 13). Hanoi, Vietnam : Semaine de travail FIG 2019.

Hutchinson, G. (1957). A treatise on limnology (Traité de limnologie). New York : Wiley.

James, M., Ogilvie, S. et Henderson, R. (1998). Écologie et utilisation potentielle en biomanipulation de la moule d'eau douce Hiridella menziesi (Gray) dans le lac Rotorua. Hamilton : Institut national de recherche sur l'eau et l'atmosphère.

Jorgensen, S. (2001). Thermodynamique et modélisation écologique. Washington : Lewis Publishers. Consulté le 08 02, 2020, à l'adresse https://books.google.lk/books?id=xfHs-LKNUxQCandprintsec=frontcover#v=onepageandqandf=false

Jorgensen, S. (2008). Freshwater lakes. Dans S. Jorgensen (Ed.), Ecosystem ecology (pp. 270-274). Pays-Bas : Elsevier.

Jorgensen, S. E. (2009). Introduction. Dans S. E. Jorgensen (Ed.), Ecosystem ecology (1st ed.). Pays-Bas : Elsevier.

Kafy, A., Faisal, A., Hasan, M., Faisal, A.-A., Islam, M. et Rahman, M. (2020). Modeling future land use land cover changes and their impacts on land surface temperature in Rajshahi, Bangladesh. Remote sensing applications : society and environment, 18.

Karavitis, C. (2002). Conférencier invité. Politiques et outils pour la gestion durable de l'eau dans l'UE. Conférence internationale MULINO sur "La politique et les outils européens pour la gestion durable de l'eau". Île de San Servolo, Venise, Italie.

Kotagama, S., et Rathnayake, C. (2002). Programme de centres d'étude et de surveillance ornithologiques sur le terrain : Talangama. Université de Colombo, Colombo : OFSMC. Groupe d'ornithologie de terrain du Sri Lanka.

Lévêque, C. (2001). Les écosystèmes des lacs et des étangs. Encyclopédie de la biodiversité, 3, 633-644.

Levin, N. (1999). 1er cours sur la gestion des données hydrographiques : principes fondamentaux de la télédétection. Trieste, Italie : Académie maritime internationale, Laboratoire de télédétection, Département de géographie, Université de Tel Aviv, Israël, Unité SIG, Société pour la protection de la nature en Israël.

Lewis, W. (2010). Lake ecosystem : structure, function, and change. In G. E. Prof Likens (Ed.), Lake ecosystem ecology : a global perspective- a derivative of the encyclopedia of inland waters (pp. 1-10). Chine : Elsevier.

Limburg, K. (2009). Aquatic ecosystem services. Dans G. E. Likens (Ed.), Lake ecosystem ecology : A global perspective- a derivative of the encyclopedia of inland waters (pp. 422-427). Pays-Bas : Elsevier.

Limnologie. (n.d.). Consulté le 30 août 2020 sur le site http://wgbis.ces.iisc.ernet.in/energy/monograph1/Limpage4.html#:~:text=The %201%20%25%20light%20level%20defines,become%20too%20low%20for et texte=La%20zone%20limnétique%20(pélagique)%20est,non %20penetrate%20to%20the%20bottom.

Lomolino, M., Riddle, B., et Whittaker, R. (2017). Biogéographie : Biological diversity across space and time (5 ed.). Massachusetts : Sinauer Associates, Inc.

Lomolino, M., Riddle, B., et Whittaker, R. (2017). Biogéographie : La diversité biologique à travers l'espace et le temps (5 éd.). Sunderland, Massachusetts, États-Unis : Sinauer Associates, Inc.

McGinnis, M. D., et Ostrom, E. (2014). Cadre du système socio-écologique : changements initiaux et défis continus. Ecology and Society, 19 (2)(30), 1-13.

MEA. (2005). Évaluation des écosystèmes pour le millénaire. Dans R. Hassan, R. Scholes, et N. Ash (Eds.), Ecosystems and human wellbeing : current state and trends (Vol. 1). Washington : Island Press.

Meer, F. D., et Jong, S. M. (2006). Image Spectrometry ; Basic Principle and Prospective Applications. Dordrecht, Pays-Bas : Springer.

Michaud, J. (1991). A citizens' guide to understanding and monitoring lakes and streams (Guide du citoyen pour la compréhension et la surveillance des lacs et des cours d'eau). État de Washington : Département de l'écologie.

Myers, N., Mittermeier, R. A., Mittermeier, C. G., Fonseca, G. A., et Kent, J. (2000).

Points chauds de la biodiversité pour les priorités de conservation. Nature, 403,

853-858.

Naselli-Flores, L. (2007). Lacs urbains : Ecosystems at Risk, Worthy of the Best Care. Dans M. a. Sengupta (Ed.), Proceedings of Taal 2007 : (pp. 1333-1337). La 12e conférence mondiale sur les lacs.

Nelson, G. H., et Gregor, F. F. (2002). Lake Ecosystems. Dans l'Encyclopédie des sciences de la vie. Macmillan Publishers Ltd.

Newton, j., Jones, S. E., McMahon, K., et Bertilsson, S. (2011). Un guide de l'histoire naturelle des bactéries des lacs d'eau douce. Microbiol. Mol. Biol, 75, 14-49.

Nilmini, E. et Herath, G. (2014). Variation spatiale et temporelle de la qualité de l'eau dans le lac urbain de Boralesgamuwa : A preliminary assessment. Peradeniya Univ. International Research Sessions. 18, p. 25. Peradeniya : Actes de l'Université de Peradeniya.

OCDE, O. f.-o. (1994). Indicateurs environnementaux : Ensemble de base de l'OCDE. Paris.

Ogilvie, S., et Mitchell, S. (1995). A model of mussel filtration in a shallow New Zealand lake, with reference to eutrophication control. Hydrobiologie, 133, 471- 782.

Perera, S. J. (2007). Bird communities as indicators of urbanization pressure : A case study in lentic freshwater bodies and buffer habitats, along an urban-suburban gradient in Colombo, Sri Lanka.

Periyapperuma, S., et Alwis, A. (2000). Environmental impact identification and possible mitigating strategy for Boralesgamuwa Lake. the Sixth Annual Forestry and Environment Symposium (p. 30). Colombo : Département de foresterie et des sciences de l'environnement, Université de Sri Jayawardenapura.

Peters, N., Böhlke, J., Brooks, P., Burt, T., Gooseff, M., Hamilton, D., . . . Turner, J. (2011). Liens entre l'hydrologie et la biogéochimie. Wilderer, 2, pp. 271-304.

Pierluissi, S. (2006). Utilisation des rizières par les oiseaux d'eau nicheurs dans le sud-ouest de la Louisiane. Thèse de maîtrise non publiée. Louisiane : Louisiana State University, Baton Rouge. Consulté le 05 05, 2017, sur http://etd.lsu.edu/docs/available/etd04032006-
161002

Pimm, S., et Smith, R. (2020). Encyclopaedia Britannica. Consulté le 07 02,

2020, sur https://www.britannica.com/science/ecology

Pinel-Alloul, B., et Ghadouani, A. (2007). Spatial heterogeneity of planktonic microorganisms in aquatic systems. In R. Franklin, et A. and Mills (Eds.), The spatial distribution of microbes in the environment (pp. 203-310). Dordrecht : Springer.

Piyathilaka, P., et Manage, P. (2017). Microcystin-LR contamination status and Physico-chemical water quality parameters of five selected recreational water bodies in Sri Lanka. Journal of food and agriculture, 10(1 et 2), 35-42. doi:http://doi.org/10.4038/jfa.vl0i l-2.5211

Podduwage, R., Dhanushka, D., Kanishka, S. et Anuththara, K. (2015). Assessment of selected classes of fauna at Thalangama wetland (Évaluation de classes sélectionnées de faune dans la zone humide de Thalangama). Wetlands Sri Lanka, 2, 50- 76.

Prihantini NB, W. W. (2008). Biodiversité des cyanobactéries dans plusieurs lacs de Jakarta.

MAKARA SAINS, 2(1).

Purevdorj, T., Tateishi, R., Ishiyama, T. et Honda, Y. (1998). Relations entre le pourcentage de couverture végétale et les indices de végétation. Int. J. Remote Sens, 19, 3519- 3535.

Qin, B., Xu, P., Wu, Q., Luo, L. et Zhang, Y. (2007). Environmental issues of Lake Taihu, China (Questions environnementales du lac Taihu, Chine).

Rahel, F. (2000). Homogénéisation de la faune piscicole à travers les États-Unis. Science, 288, 854-856.

Rapport, D., Gaudet, C., Karr, J., Baron, J., Bohlen, C., Jackson, W., . . . Pollock, M. (1998). Evaluating landscape health : integrating societal goals and biophysical process. Journal of Environmental Management, 53/1, 1-15.

Rasmussen, P. C., et et Anderton, J. (2012). Birds of South Asia : The Ripley Guide. (2e éd.). Smithsonian Institution, Washington, États-Unis, et Lynx Edicions, Barcelone, Espagne.

Ratheesh, K. R., Purushothaman, C. S., Sreekanth, G. B., Manju Lekshmi, N., Renjith, V. et Sandeep, K. P. (2013). État de la qualité de l'eau de deux lacs urbains tropicaux situés à Mumbai Megacity. International Journal of Science and Research, 6(5), 1991-1998.

Ritu Singh, M. B. (2012,mai).Urban lakes and wetlands : opportunities and challenges in Indian cities study of Delhi. (D. Thevenot, Ed.) Urban waters : resource or risks ? Extrait de HAL-ENPC, WWW-YES-2012 (10), 2012, WWW-YES. <hal-00739984>

Rosnila. (2004.). Le changement d'utilisation du sol et son effet sur l'existence du lac : A case study of Depok city. IPB. Bogor : Thèse de maîtrise.

Ruma, P., et Choudhury, A. K. (2014). Une introduction aux phytoplanctons ; diversité et écologie. New Delhi : Springer.

Sala, O., Chapin III, F., Armesto, J., Berlow, E. B., Dirzo, R., Huber-Sanwald, E., . . . Wall, D. (2000). Scénarios de biodiversité mondiale pour l'année 2100. Science, 287, 1770-1774.

Salcher, M. M. (2014). Same same but different : ecological niche partitioning of planktonic freshwater prokaryotes. J. Limnol. , 73(1), 74-87.

Santra, S. (2016). Environmental science (2e éd.). Kolkata : New central book agency.

Schallenberg, M., de, W. M., Verburg, P., Kelly, D., Hamil, K., et Hamilton, D. (2013). Ecosystem services of lakes. In D. JR (Ed.), in Ecosystem services in New Zealand-conditions and trends. Lincoln : Manaaki Whenua Press.

Schallenberg, M., Winton, M. D., Piet, V., David, J. K., Keith, D. H., et David, P.

H. (2013). Services écosystémiques des lacs. (D. JR, Ed.) Ecosystem services in New Zealand conditions and trends, 203-225.

Schuler, T., et Simpson, J. (2001). Introduction : Pourquoi les lacs urbains sont différents.

Urban Lake Management. Watershed Protection Techniques, 3(4), 747-750.

Sen, A. (1981). Action publique et qualité de vie dans les pays en développement. Oxford Bulletin of Economics and Statistics, 43(4).

Shirantha, R. R., Amarathunga, A. A., et Pushpa Kumara, N. W. (2010). Lake Gregory, alien flora and urban aqua- environments in a misty city of Sri Lanka. Kandy : Conférence internationale sur l'environnement bâti durable.

Singh, R. et Bhatnagar, M. (2012, mai). Lacs et zones humides urbains : opportunités et défis dans les villes indiennes - étude de cas de Delhi. Urban waters : resource or risks ? 12, 1-12. (D. Thevenot, Ed.) Arcueil, France : le World Wide Workshop for Young Environmental Scientists.

Skjelkvåle, B., Andersen, T., Fjeld, E., Mannio, J., Wilander, A., Johansson, K.,Moiseenko, T. (2001). Heavy metal surveys in Nordic lakes ; concentrations, geographic patterns and relation to critical limits. Ambio, 30, 2-10.

Smith, R. L., et Pimm, S. (2020). Encyclopaedia Britannica. Consulté le 07 02, 2020, sur https://www.britannica.com/science/ecology

Song, X., Hansen, M., Stehman, S., Potapov, P., Tyukavina, A., Vermote, E. et Townshend, J. (2018). Changement global des terres de 1982 à 2016. Nature, 560(7720), 639-643.

Stafford, J., Kaminski, R., et Reinecke, K. (2010). Avian foods, foraging, and habitat conservation in world rice fields (Nourriture aviaire, recherche de nourriture et conservation de l'habitat dans les rizières du monde). Waterbirds.33(Special Publication 1), 133- 150.

Stendera, S., Adrian, R., Bonada, N., Canedo-Arguelles, M., Hugueny, B., Januschke, K.,Hering, D. (2012). Drivers and stressors of freshwater biodiversity patterns across different ecosystems and scales : A review. Hydrobiologia, 696, 1-28.

Strayer, D. (2001). Invertébrés d'eau douce en danger. Encyclopédie de la biodiversité, 2, 425-439.

Tranvik, L., Downing, J., Cotner, J., Loiselle, S., Striegl, R. et Ballatore, T. (2009). Lakes and reservoirs as regulators of carbon cycling and climate (Lacs et réservoirs en tant que régulateurs du cycle du carbone et du climat). Limnology and Oceanography, 54, 2298-2314.

Nations Unies UN. (1996). Indicateurs de développement durable : Cadre et méthodologies. 428.

Valavanidis, A., et Vlachogianni, T. (2015). Pollution environnementale des rivières, des lacs et des zones humides en Grèce. Recherche environnementale et rapports sur l'état des ressources grecques en eau douce, Athènes.

Violetta, L. (2010). Rizières et oiseaux d'eau dans la région méditerranéenne et le Moyen-Orient. Waterbirds, 33(Special Publication 1), 83-96.

Voutilainen, A., Juha, J., Juha, L., Markku, V. et Minna, R.-S. (2016). Associer les modèles spatiaux de l'abondance du zooplancton avec la température de l'eau, la profondeur, les poissons planctoniques et la chlorophylle. BOREAL ENVIRONMENT RESEARCH, 21, 101-114.

Wagner, F., et Hart, D. (1986). Urban Estuarine Systems under Stress :

Environmental issues facing Louisiana's Lake Pontchartrain. The Environmentalist, 6(1), 25-33.

Wang, Z., Zhou, J., Loaiciga, H. et Hong, S. (2015). Un modèle DPSIR pour l'évaluation de la sécurité écologique par le biais d'une sélection d'indicateurs : A case study at Dianchi Lake in China. PloS ONE, 10(6), 1-13.

Wantzen, K., Alves, C. B., Badiane, S. D., Bala, R., Blettler, M., Callisto, M., Mahdi, O. (2019). Restauration des cours d'eau urbains et des zones humides dans le Sud mondial - Une analyse DPSIR. Sustainability, 11(4975), 1-48.

Warakagoda, D., et Sirivardana, U. (2006). Statut des oiseaux d'eau au Sri Lanka. Dans C. Bambaradeniya (Ed.), The Fauna of Sri Lanka. (pp. 204-215). Colombo : Union mondiale pour la nature (UICN).

Wetzel, R. (2001). Limnology : Lake and river ecosystems (3e éd.). San Diego, CA : Academic Press.

Wijethunga, H., et Hewage, S. (2001). Conception d'un indice de qualité de l'eau pour le lac Kesbewa. Actes du septième symposium annuel sur la foresterie et l'environnement 2001. Université de Sri Jayawardenepura.

Wijeyaratne, M., et Perera, W. (n.d.). Dynamique de la population des espèces de poissons potentielles pour l'exploitation dans les pêcheries actuellement sous-développées de certains réservoirs pérennes au Sri Lanka. 188-214. Université de Kelaniya.

OMM. (2013). Planification des systèmes de surveillance de la qualité de l'eau. Genève, Suisse : Publication de l'Organisation météorologique mondiale.

Y.NA.Jayatunga, A. a. (2007). Statut trophique des lacs restaurés du sud-ouest et non restaurés de l'est de Beira. Journal of National Science Foundation Sri Lanka, 35 (1), 41-47.

Zeiny, A. E., et Kafrawy, S. E. (2016). Évaluation de la pollution de l'eau induite par les activités humaines dans le lac Burullus à l'aide de l'imageur terrestre opérationnel Landsat 8 et du SIG. The Egyptian Journal of Remote Sensing and Space Sciences, 20, 49-56.

Zha, Y., Gao, J. et Ni, S. (2003). Use of normalized difference built-up index in automatically mapping urban areas from TM imagery (Utilisation de la différence normalisée de l'indice de construction dans la cartographie automatique des zones urbaines à partir de l'imagerie TM). Int. J. Remote Sens, 24(3), 583-594.

Zhao, Y., Zhang, K., Fu, Y. et Zhan, H. (2012). Examining Land-Use/Land-Cover Change in the Lake Dianchi Watershed of the Yunnan-Guizhou Plateau of Southwest China with Remote Sensing and GIS Techniques : 1974-2008. Int. J. Environ. Res. Public Health, 9, 3833-3865.

Printed by Books on Demand GmbH, Norderstedt / Germany